记忆的方法
为什么你该这样记

王刚 著

中国纺织出版社有限公司

内容提要

在信息爆炸时代，拥有卓越的记忆力成为个人竞争力的重要一环。本书旨在帮助读者掌握快速记忆技巧、提升学习与工作效率，摆脱记不住、记不准和记不快的困境。本书通过深入浅出的方式，系统介绍了快速记忆法的原理以及具体应用策略，让读者在阅读和实战练习中，掌握对于数字、中文、英文和其他特殊信息的记忆方法，并能够将其应用到生活和学习当中。这不仅是一本关于记忆方法的图书，更是一本激发大脑潜能、提升自我价值感的实用指南。通过对本书中记忆方法的学习和实践，读者将开启学习与生活的新篇章，以更加自信和高效的姿态面对未来的挑战。

图书在版编目（CIP）数据

记忆的方法：为什么你该这样记 / 王刚著.

北京：中国纺织出版社有限公司，2025.5. -- ISBN 978-7-5229-2441-0

Ⅰ.B842.3

中国国家版本馆CIP数据核字第2025S6V197号

责任编辑：郝珊珊　　责任校对：王花妮　　责任印制：储志伟

中国纺织出版社有限公司出版发行
地址：北京市朝阳区百子湾东里A407号楼　邮政编码：100124
销售电话：010—67004422　传真：010—87155801
http://www.c-textilep.com
中国纺织出版社天猫旗舰店
官方微博http://weibo.com/2119887771
鸿博睿特（天津）印刷科技有限公司印刷　各地新华书店经销
2025年5月第1版第1次印刷
开本：710×1000　1/16　印张：14.5
字数：186千字　定价：59.80元

凡购本书，如有缺页、倒页、脱页，由本社图书营销中心调换

**世界记忆大师
何平**

  21世纪是信息化的世纪，高效学习、精准定位和自我革新等诉求更加凸显了记忆这一能力的重要性。本书兼具系统性、实用性和可读性，全面系统地介绍了记忆方法及其在各大领域中的应用，辅以实用的训练，适合广大教师、学生、行业从业人员及对记忆方法感兴趣的普通读者。

**特级记忆大师
王点点**

  记忆法是一个很神奇的技术，练习记忆法会提升我们的记忆力。学习任何一门技术都需要循序渐进的引导，在本书中，作者剖析了记忆法的结构。随着一层一层梳理与递进的讲述，我相信读者会很轻松地跟随作者的思路学会这门技术。

**世界记忆大师
《最强大脑》
明星选手
刘仁杰**

  记忆不只是一种能力，更是一种习惯。《最强大脑》中选手所展现出的惊人记忆力，其背后也是系统而科学的训练。这些训练会向我们传达出一种新的理念，让我们能够以一种新的视角和习惯，从容面对生活和工作中的各项挑战。

**快速记忆方法
导师
郭鹏**

  提高记忆力是我们每个人的心愿，而书籍是人类最好的朋友，随着社会的不断发展，科学家不断探索出提高记忆力的方法，此书向不同层次和不同人群介绍不同的方法，能够让初学者从了解基本原理到熟练应用不断地进阶。且本书对较难的技术性问题讲解明确，让初学者易于掌握和理解，从而能把所学的方法和技巧运用到更多的方面。

**世界记忆大师　　　　**这本书中不仅有各类信息的记忆方法讲解，还有大
王昆　　　　　　量丰富的案例运用，让你看了就懂，懂了就会用。

**世界记忆大师　　　　**这本书为你全面、系统地讲解了记忆法知识，并配
李嘉铮　　　　　　有实际案例和练习，能够解决你在日常学习和生活中记忆难的问题。书中的讲述包含了作者多年的经验，相信你会从中学到很多知识。

**世界记忆大师　　　　**这本书就像一张大网，将有关记忆的方法分层次连
袁姣　　　　　　接在一起，形成完整的知识体系，由易到难，由简及繁。为了加强学习效果，还配有相对应的习题进行巩固。书里面涉及的中文、英文、数字以及特殊信息的记忆方法会让读者畅游在记忆法的神奇世界。

世界记忆大师
银鹰高智商　　　　每个人的大脑都拥有无限潜能，每一位普通人都能
俱乐部会员　　　　高效地使用大脑，本书中介绍的多种记忆方法，能够带
王泽旭　　　　　　您实现从零到百的跨越。

**世界记忆大师　　　　**这是一本绝对值得你一读的书，《最强大脑》的神秘
廖瑾妮　　　　　　面纱、大家眼里的超强记忆力、过目不忘的超能力……在这里，你都能一一揭开面纱。阅读本书，你能得到专业的记忆训练，从而掌握记忆的技巧。最快速、最有效、最实惠地让你足不出户，就能拥有超级记忆力。

**世界记忆大师　　　　**人类的进步从学会使用工具开始，想要更好、更高
吴欣慰　　　　　　效地学习，大脑也要学会借助工具记忆！

**俄亥俄州立大学应用经济学博士在读
范学森**

我读过一些描述记忆方法的书，都没有坚持读完，无一例外。这些书枯燥无聊的内容让我无法坚持读下去。然而，这本书却给我打开了新世界的大门，我被它的实用性震惊了。没有纷繁复杂的语言逻辑，没有晦涩难懂的方法理论，每一句都是作者结合自身经历写出的，目的是让读者掌握有用的技巧。

**世界记忆大师
吴伟**

这本书给我们分享了一些常用的记忆技巧和案例，并配有相应的练习。无论你是一个对人类潜能充满好奇心的"脑粉"，还是需要在学科记忆中寻找一些新方法和途径的学生，我相信这本书都能给你带来一些新的收获和启发！

前　言

相信翻开这本书的你，一定是一个有想法、有上进心、积极进取的人，想要找到一种更有效率的记忆方法和学习方式，希望这本书能够解答你的一些苦恼和问题。目前市面上介绍记忆方法的书籍有很多，但是大多数书你读了以后会发现，它们对你记忆力提升的帮助甚少，原因无非有两个：一是你所看的书籍中所讲的方法实用性比较差，你会发现书上说的方法在实际学习工作中很难运用；二是记忆法是一种技能，既然是一种技能，就没有办法通过简单地看书获得突飞猛进的增长，而是需要通过长期系统训练才能得到质的飞跃。

目前国内很多记忆方法的爱好者以及记忆方法的传播者都是通过看江苏卫视的《最强大脑》这个节目开始了解和学习记忆法的，这档科学类真人秀节目极大地推动了记忆方法在中国的传播和发展。我最早是在2011年通过我们当地的报纸了解到记忆是有方法的，当时报纸上报道了我们当地的一个初中生在第20届世界记忆锦标赛上获得了"世界记忆大师"的称号，并且在3天内记住了初中的所有单词和课文。这个初中生我还认识，他是我的小学同学王点点（在2014年的时候被剑桥大学录取），我们俩是一到六年级的小学同学，所以这篇报道立马就激起了我的好奇心。我当时就想去了解和学习这种神奇的方法，但是当时没有现在这么便利的通信设备和手段，没能联系到我这位小学同学，所以我非常遗憾地错过了和记忆法结缘的机会。

在我上大二的时候，学校里举办了一场快速记忆方法的分享会，当时展示的老师用很短的时间就记住了黑板上随机写出的数字、字母和文字，我感到非常震撼。他们是专门做大学生记忆法培训的机构，组织了7天的快速记忆集训营，这次和记忆法结缘的机会被我牢牢抓住。起初我觉得我年龄比较大，不适合学习记忆方法了，我还专门找到王点点咨询了下我是否适合学习，他非常支持我，于是我和家里人周旋了一个星期后终于争取到了7天集训营的学习机会。

我记得很清楚，集训营是大年初八开始的，一直持续到开学，为了学习记忆法，我放弃了寒假的休息时间，早早地回到学校参加这次集训。在开始集训的前一天，老师给我们发了一张"数字编码表"，让我们无论如何也要在一晚的时间内将它记忆完毕。当时我们学员一起在就近的公寓里住宿，我很"幸运"地被分到了一间双人房，室友回来后很快就进入了梦乡，而我不知道从哪里来的精神头，一个人躺在床上记忆一个又一个的编码，一直到半夜。直到终于能把每个编码回忆起来，我才安心地闭上眼睛入眠。

7天集训营结束后，我是集训营中唯一一个能够在5分钟内记忆100个数字和一副扑克牌（数字和扑克的记忆不是本书讲解的重点）的学员，老师提醒我们集训结束以后一定要经常练习这些学过的方法。但是，我发现想要把集训营中学习的方法运用到真正的学习当中还是很困难的，于是我从网上买了一套多米尼克的记忆魔法书，一共有三本，但是内容大同小异，主要讲解了多米尼克系统。多米尼克共获得过8届世界记忆总冠军，所以在记东西方面他是最有发言权的，但是书中说的方法对于知识点的记忆还是帮助甚少，这让我对记忆法产生了一点怀疑，难道记忆方法只能用来记忆数字和扑克？慢慢地我对记忆法的兴趣削减了很多，有很长一段时间不再去练习记忆方法。

2016年暑假的时候，机缘巧合下，我在百度贴吧上认识了一位在我们当地教记忆方法的老师，他就是郭鹏老师，没想到他成了我在竞技记忆

前 言

（记忆法分为实用记忆和竞技记忆，后面会系统地讲解）上的引路人。郭老师对我的实力进行了严格考核，考核了我5分钟数字和扑克的记忆量，但是由于很长时间没有训练，我对自己的水平没有清楚的认识，经过"临阵磨枪"后，才勉勉强强通过考核。当时他的"大徒弟"正在训练竞技记忆，我就顺理成章地成了他的陪练，变成了"二师兄"，我们三人一起南征北战参加了大大小小近10场比赛，终于在2017年底我拿到了"世界记忆大师"的称号。具体的训练比赛细节就不给大家讲了，感兴趣的读者可以关注我们的公众号"记忆快乐又简单"，里面也分享了一些好用的记忆方法。

在开始训练竞技记忆之后，我对记忆方法的信心又逐渐回来了，之后又阅读了很多关于提升记忆力的书籍，慢慢在实用记忆方面也有了一些自己的心得。通过阅读本书，我想让大家清楚三个问题：快速记忆法是什么、快速记忆法的好处，如何做到快速记忆你想要记忆的信息。相信看到这里你已经迫不及待地想要了解神奇的记忆方法了，只要你能按照书上写的方式方法去训练，我相信你也能成为你心目中的"最强大脑"。

本书章节的安排是环环相扣的，要想达到最好的阅读效果，可以将第二章和第五章放在一起阅读，这两章主要讲解数字信息记忆的基础和方法；将第三章和第六章放在一起阅读，这两章讲解的是中文信息记忆的基础和方法；将第四章和第七章放在一起阅读，这两章讲解的是英文信息记忆的方法。大家也可以根据自己的需求选择合适的章节进行阅读，其中第二、三、四章是打基础的章节，这些基础部分不认真看的话，后面的内容恐怕无法读懂，每节内容结束后也有很多练习，希望大家能够认真地完成。只要按照要求读完这本书，你一定会有意想不到的收获。

王刚

2024年9月

CONTENTS 目 录

第一章 认识和了解记忆法
CHAPTER 1

第一节　拥有好记忆的重要性 / 002
第二节　记忆法的起源 / 004
第三节　记忆方式和原理的探讨 / 006
第四节　大脑的记忆分工 / 008
第五节　记忆内容探讨及记忆法的门类 / 010
第六节　快速记忆方法为什么没有得到普及 / 012
第七节　学习记忆法真的能提升记忆力吗 / 015
第八节　学习记忆法的自信心建设 / 016

第二章 数字编码系统——数字记忆的基础
CHAPTER 2

第一节　最常见的双位数字编码 / 020
第二节　高效的数字字母对应系统 / 028
第三节　神秘的数字汉码系统 / 033
第四节　谐音数字编码 / 038
第五节　各种数字编码系统总结 / 040

第三章 速记中文信息的密钥——中文记忆的基础
CHAPTER 3

第一节　中文信息转化的微观技巧 / 042
第二节　中文信息转化的宏观技巧 / 046

第三节　整句话的转化 / 051

第四节　决定中文信息转化的关键因素 / 054

第四章 CHAPTER 4　字母编码系统——字母记忆的基础

第一节　单个字母编码系统 / 058

第二节　多个字母编码系统 / 061

第三节　强大的多元字母编码系统 / 064

第四节　拥有字母编码的重要性 / 069

第五章 CHAPTER 5　数学信息速记方法

第一节　故事串联法 / 072

第二节　记忆宫殿法 / 076

第三节　扑克牌的记忆 / 081

第四节　特征观察法 / 086

第六章 CHAPTER 6　中文信息速记方法

第一节　故事串联法 / 090

第二节　配对联想法 / 093

第三节　题目定位法 / 096

第四节　地点定位法 / 100

第五节　歌诀法 / 108

第六节　绘图记忆法 / 110

第七节　数字定位法 / 113

第八节　万事万物定位法 / 123

第九节　费曼学习法 / 126
第十节　思维导图记忆法 / 133

第七章 CHAPTER 7　英文信息速记方法

第一节　熟词法 / 140
第二节　拼音法 / 143
第三节　字母编码法 / 146
第四节　谐音法 / 148
第五节　几种特殊方法 / 150
第六节　如何记单词才能记得更牢 / 152
第七节　各种单词记忆方法优劣势探讨 / 154
第八节　英语文章记忆方法 / 157

第八章 CHAPTER 8　特殊信息记忆方法

第一节　抽象图形的记忆 / 160
第二节　人名头像的记忆 / 163
第三节　公式符号的记忆 / 170
第四节　其他图案的记忆 / 173
第五节　如何记忆一个二维码 / 177

第九章 CHAPTER 9　训练问题汇总

第一节　记忆宫殿可以反复使用吗 / 182
第二节　串联故事的质量如何提升 / 184
第三节　记忆宫殿都用完了该怎么办 / 186

第四节　照相记忆法真的存在吗 / 190

第五节　用记忆法会不会影响我们的理解能力 / 192

第六节　零基础新手到底该如何学习记忆法 / 194

第十章　训练题答案参考
CHAPTER 10

参考答案 / 202

后　记 / 217

CHAPTER 1

第一章

认识和了解记忆法

人类记忆有三种模式，除了我们熟知的机械记忆和理解记忆外，还有一种记忆模式叫图像记忆，这三种记忆模式各有利弊，很难说哪种方法是最高效的。目前我们可以把记忆法分为实用记忆和竞技记忆，实用记忆和竞技记忆相辅相成，本书主要给大家讲解实用记忆。

记忆的方法：
为什么你该这样记

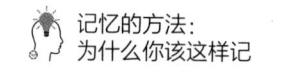

第一节 拥有好记忆的重要性

相信此刻在看书的你，在日常生活中肯定会因为自己记忆不够好而苦恼。正在上学的你可能正因为记忆力不好而无法取得好成绩，甚至可能考试不及格；正在上班的你可能正因为记忆力不好而无法得到领导的赏识，也不能升职加薪；正在考证提升的你可能正因为记忆力不好而无法持续高效学习。

从小学、初中、高中直到大学毕业走上社会，我们无时无刻不在学习，只要我们停下学习的脚步，随时都可能被身边的人超越，所以学习对于我们来说是一场马拉松，而不是一场短跑比赛。学生时代的我们可以通过报补习班，让成绩在短期内得到提高；成年之后我们考研或者考证书也会通过报班寻求短期内的成绩提高。但是这些"突击班"没有办法让你提升学习能力，如果你没有超强的学习能力和高效的记忆方法，迟早有一天会被这个社会淘汰。

股神巴菲特曾经说过："记忆力好，不一定会让你成功，但记忆力不好，一定会让你糊涂，一定会让你失败，而且失败得很难看！"所以提升记忆力和学习能力是我们每个人的必修课，只有拥有好的学习方法和记忆能力，你才能在学习的时候事半功倍。

你可能也听说过谁的记忆力特别好，拥有过目不忘的能力，其实这种能力是一种病态，叫作"超忆症"。超忆症是一种极为罕见的医学异象，他们没有选择记忆的能力，临床表现为大脑拥有自动记忆系统。所有这些似乎都是在潜意识下发生的。具有超忆症的人，没有遗忘的能力。他们能把自己亲身经历的事情记得一清二楚，能具体到任何一个细节。

那你是不是也想得这种病？说实话，得这种病也是非常痛苦的，他可能会把一些悲伤的经历、痛苦的经历、恐怖的经历永远记在脑海里，一辈子也不会遗忘。所以我们还是做一个普通人就好，通过阅读这本书掌握一些记忆技巧和方法来提升下记忆效率就很好了。

不管你现在是什么身份，不管你现在的记忆力到底有多差，既然你选择阅读这本书，首先要恭喜你，你已经超越了很多人，至少你拥有一本提升记忆力的"武林秘籍"，至于你能提升多少，就要靠你自己的努力了。所以此时此刻，请你先对自己充满信心，如果你自己对自己都没有信心，你还指望谁对你有信心呢？

姓名：_____   时间：_____

目标设定：通过阅读这本书我想要达到_____

_____

_____

我相信自己能行，我相信自己一定能达成自己的目标，我相信完成这本书的训练后，我的记忆力会得到突飞猛进的增长，我相信"相信的力量"！

记忆的方法：
为什么你该这样记

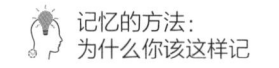

第二节　记忆法的起源

　　记忆术又叫助记术，或称记忆技巧，是一种从古希腊开始使用并沿用至今的心智技术，距今已有 2500 多年的历史了。mnemonic（记忆术）一词来源于 Mnemosyne（谟涅摩叙涅），指的是古希腊神话中的记忆之神。其实如果更广泛地定义记忆法，那么一切有助于我们记忆的方法都是快速记忆法，不管白猫还是黑猫，能抓到老鼠的就是好猫。所以在日常学习和工作当中，我们每个人或多或少都会运用到快速记忆法，有的可能是无意为之，有的可能是有意为之。接下来，我们一起来看下狭义上的记忆术的来龙去脉。

　　记忆术最早起源于公元前 5 世纪的古希腊、古罗马，当时古希腊、古罗马崇尚演讲，所以他们十分需要记忆大量信息的方法。西塞罗是当时的一位著名演讲家，有一次他参加演讲时恰好发生了地震，除了他以外其他人都被压在石柱下面失去了生命，死者的家属无法辨认死者的身份，西塞罗想到了一个好办法。他是通过什么方式来辨认这些死者身份的呢？他通过回忆当时大殿上的地点来确认死者的身份，比如靠近第一根柱子的人是张三，那靠近这个柱子的死者就是张三，靠近桌子的人是李四，那靠近桌子的死者就是李四，他通过这种回忆地点的方式确认了所有死者的身份。后来他发现用这种方法来记演讲稿也很高效，这就是记忆法的起源，这种方法一开始叫古罗马房间地点法。

　　记忆法是在什么时候传入中国的呢？1595 年，西方传教士利玛窦在江西南昌传教，为了吸引当地人的注意，以便更广泛地传播天主教，他开始表演记忆技术，还专门撰写了《西国记法》交给当地的巡抚。但利玛窦的《西国记法》只是昙花一现，直到民国年间才又有记忆术的中文专著出版，1920年大东书局出版了吴县郭杰的《实用记忆法》。

1935年，南洋出版社出版了鲁葆如的《实用记忆术》；新中国成立后，出版过少量的苏联译本《记忆》和《记忆注意与联想》。

1984年9月25日，以王维为代表的中国首家记忆研究会——锦州市记忆研究会成立。同年10月，中国首个实用记忆函授班开课。截至1993年底，该机构培训过的人数已达100万人。可见当时记忆法培训行业在中国还是非常火的。

世界记忆锦标赛由思维导图创始人托尼·博赞于1991年发起，距今已经有30余年的时间。据说迈克尔·杰克逊在生前还曾为博赞的大脑项目出资34万美金。

这样看来，记忆方法不是无源之水、无本之木，它不是一两个人智慧的结晶，而是一代又一代人经验的积累和总结。自从2014年江苏卫视开播《最强大脑》节目后，国内又掀起了一股记忆风暴，目前《挑战不可能》《我中国少年》《一站到底》等节目上都有关于记忆力的挑战，很多人开始了解并加入快速记忆方法的学习和训练当中。当然通过上面的材料我们不难看出，记忆法存在的时间确实比较悠久，但是在中国存在的时间相对来说还是比较短暂的，我们还有很长的路要走。

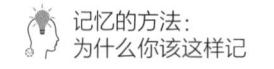

第三节 记忆方式和原理的探讨

我们大多数人在没有了解和接触记忆方法之前有没有记忆能力呢？答案是肯定有的，只不过有的人天生记得快，有的人天生记得慢，就像我们跑步一样，有的人天生跑步就快，但有的人天生跑步就慢。一般我们都把传统的死记硬背定义为机械记忆，在《刻意练习：如何从新手到大师》这本书中有这样一个案例，就是通过对机械记忆的刻意练习来提升人们死记硬背的能力。我们都知道正常人的短时记忆能力是5到9个单位，也就是说，我们可以在短时间内记忆5到9个数字，这就是魔力数字"7"，因为我们瞬时记忆的容量为7±2个单位。

实验中的人通过长期训练后可以将记忆模块变大，由原来"1个数字就是1个模块"增加到"3个数字1个模块""5个数字1个模块"，所以通过长期训练之后，有的人就能记住圆周率小数点后40位，甚至到100位。可见我们的机械记忆能力就像我们身体上的肌肉一样，越用越发达。这里就引申出了我们提高记忆力的一种训练方法，那就是多记东西，你记忆的东西越多，你记忆得就会越快。当然了，这种训练方法是比较残忍的，因为几乎没有人喜欢死记硬背。

接下来我们一起回忆一下，我们一般对什么东西记忆速度会比较快，或者我们在什么状态下记忆东西会快一些？比如说密密麻麻的文字和漫画书，哪个更好记或者更能吸引你的注意力？相信很多人看过一些记忆书籍，里面说如果你想记得更快更深刻的话，就要把你要记的内容转化成图像。这种说法相对来说还是比较狭隘的，从广义上来说，如果想把材料记得更牢更快，我们需要提高记忆材料的辨识度。当然，把材料转换成图像是提高辨识度的方法之一，但绝对不是唯一的方法。除图像外，我们一般还对有趣的、好玩的事物印象比较深刻。比如，我们去过游乐场之后，对于在游乐场玩耍的情节记忆会相对来说比较深刻；我们对能够调动我们情感的内容记忆也会比较深刻，比如一些年轻人分手之后，会选择将前任的东西扔掉，就是怕触物生情，越想忘记的东西反而记忆得越牢固。同样地，如果我们能够把要记的材料加工成能调动我们情感的或者是有趣好玩儿的内容，那么这些材料就会变得容易记忆。

大家在阅读这本书之前，可能觉得记忆法就是一切能够提高我们记忆力的方法。通过阅读刚才的描述，大家应该清楚了，快速记忆法其实是一门加工技术，它是通过一些方法把我们想要记忆的材料加工成辨识度高的、容易记忆的材料的技术。

人类其实有3种记忆模式，除了我们熟知的机械记忆和理解记忆外，还有一种记忆模式叫图像记忆。那这3种记忆模式中哪种是最高效的呢？很多人都会觉得图像记忆效率最高，因为科学家发现右脑图像记忆能力相当于左脑文字记忆能力的一百万倍，这也是记忆法培训当中强调图像记忆高效的一个重要原因，但是实际情况是这3种记忆模式各有利弊，没办法说哪种方法是最高效的。

死记硬背也有它的好处，我们会发现死记硬背记住的信息，只要我们能回忆起来，抽取速度特别快，而理解记忆对个人的阅历和理解能力要求比较高，图像记忆则可能会干扰你对记忆材料的理解，所以要想实现高效记忆，肯定是要将这三者结合起来使用。

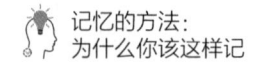

第四节　大脑的记忆分工

　　记忆是人脑对经历过的事物的识记、保持、再现或再认，它是进行思维、想象等高级心理活动的基础，记忆的过程可以被分解成加工、储存和提取这三个阶段。

　　这一节主要讲解的是科学的记忆原理，大家都知道我们人脑能记忆东西主要依靠的是海马体这一脑区，记忆的过程其实就是一个改变原有神经细胞联系，形成新的神经细胞联系的过程。诺贝尔生理学或医学奖获得者坎德尔发现，为了形成稳固的记忆，大脑会形成一种新的蛋白，产生一种新的突触联系，所以记忆的本质就是一种联系，把以前没有联系的东西联系到一起，就成为我们新的记忆。比如我们记忆文言文的翻译就是在古文和现代文间建立一种联系，记忆英语单词其实是把单词拼写、发音、汉语意思这三者建立起联系。

　　按照记忆保存时间的长短，可将记忆分为瞬时记忆、短时记忆和长时记忆。瞬时记忆又叫感觉记忆，这种记忆是指作用于人们的刺激停止后，刺激信息在感觉通道内的短暂保留。信息保留的时间很短，一般在0.25~2秒。瞬时记忆的内容只有经过注意才能被意识到并进入短时记忆。短时记忆是指保持时间在1分钟之内的记忆。有的人认为短时记忆也是工作记忆，是一种为当前动作而服务的记忆，及人在工作状态下所需记忆内容的短暂提取与回忆。短时记忆的容量有限，据米勒的研究为$7±2$个组块。组块就是记忆的单位，跟前文所说的通过机械记忆提升记圆周率的能力是一样的道理，组块的大小因一个人经验、知识的不同而有所不同。组块可以是一个字、一个词、一个数字，也可以是一个短语、句子、字表等。长时记忆指信息经过充分且有一定深度的加工后，在头脑中长时间保留下来的记忆。从时间上看，凡是在头脑中保留时间超过一分钟的记忆都是长时记忆。长时记忆的容量很大，所储存的信息也都经过编码。我们平常所说的记忆好坏主要是指长时记忆的能力，所以我们在这本书中所讲的记忆法就是在提升大家的长时记忆能力。

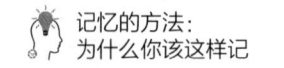

第五节　记忆内容探讨及记忆法的门类

我们平时所记的内容可以分为中文信息、数字信息、符号信息、图案信息和英文信息（当然也有可能记忆韩语、日语等其他语种信息）。从宏观上来说，我们记忆的内容可以分成两大部分：记忆材料的顺序和元素。

比如：

乌衣巷

〔唐〕刘禹锡

朱雀桥边野草花，

乌衣巷口夕阳斜。

旧时王谢堂前燕，

飞入寻常百姓家。

这首诗一共有四句，这四句话以及题目和作者就是我们要记忆的元素，这四句话的顺序也是我们要记忆的，我们要想办法来加工要记忆的材料，从而记住记忆材料的顺序和元素，这就是记忆法的核心内涵。平时语文考试中的古诗句默写，基本上是出上句写下句或者是出下句写上句，这些都要求我们回忆记忆材料的顺序和元素。要记忆元素，我们可以通过一些方法把它们加工成辨识度高一些的材料，顺序则可以借助空间顺序或者时间顺序这样的载体来记忆，这些内容会在之后的部分给大家分享。

接下来给大家说一下记忆方法的门类，目前我们可以把记忆法分成实用记忆和竞技记忆。本书主要给大家讲解实用记忆，像《最强大脑》

选手所展示的，在短时间内记住数字、字母和扑克等的一些项目则属于竞技记忆，也包括记忆大师参加的记忆比赛，都属于竞技记忆。但是《最强大脑》的很多选手其实并不提倡我们进行竞技记忆的训练，因为竞技记忆训练有一套固定的模板，固定的编码和固定的链接会抑制大家的想象力，他们觉得这样不利于我们大脑思维灵活度的发展。而实用记忆则恰恰相反，它是一个非常灵活，需要我们具体问题具体分析的技能，所以需要大家见招拆招。因此，我觉得大家通过对实用记忆的了解和训练，恰恰能够提高自己大脑思维的灵活度。这就是竞技记忆和实用记忆最大的区别，希望大家能够认真思考和反思。

当然也不是说竞技记忆一无是处，很多青少年选手通过参加记忆比赛提升了自信心和专注力，他们的眼界和格局也得到了提升，而且很多选手通过比赛提升了他们的记忆力，他们将竞技的记忆方法灵活地运用到学科记忆中，大幅提升了他们的学习效率。

所以竞技记忆和实用记忆是相辅相成的，可以互相影响、互相促进、互相进步，大家可以根据自己的需要和能力选择适合自己的记忆领域进行训练和提高。

记忆的方法：
为什么你该这样记

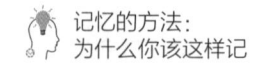

第六节 快速记忆方法为什么没有得到普及

相信在看书的你肯定有这个疑问，既然记忆法历史悠久，也能帮助我们提升记忆效率，那么记忆法为什么没有得到普及？其实原因有很多，这里先分享其中的五个，仅供参考。

第一个原因是在日常学习当中，我们已经在不知不觉地使用记忆法来提升我们的学习效率了，比如我们会用一些口诀或者歌诀来记忆一些比较复杂的信息，但是我们并没有形成系统。在记忆化学元素前20位的时候，我们都会将"氢 H，氦 He，锂 Li，铍 Be，硼 B，碳 C，氮 N，氧 O，氟 F，氖 Ne，钠 Na，镁 Mg，铝 Al，硅 Si，磷 P，硫 S，氯 Cl，氩 Ar，钾 K，钙 Ca"转化为"亲爱李皮彭，坦荡养福来。那美女桂林，牛肉要加钙。"这样的顺口溜来记忆。

我们使用的教材当中，或多或少都会有一些插图，很多辅导书籍都会用思维导图来整理知识点，这些插图和思维导图能够帮学生更快地记忆和理解知识，其中就蕴含着快速记忆的原理。

第二个原因是目前学校还是以应试教育为主，学习的目的很明确，就是考一个好成绩，而记忆法的学习是需要一个周期的，就像学钢琴一样可能需要很长的时间才能见到效果，这样可能会使一些老师和同学对方法失去兴趣，大家都梦想一夜变成天才，这就导致记忆法慢慢变成了兴趣特长培训和技能培训。

很多学生在学习记忆法的时候因为缺乏足够的耐心，经过一段时间的学习后感觉没有效果，就会慢慢对记忆法丧失信心。

第三个原因，我认为也是最重要的一个原因，就是师资问题。"问渠那得清如许"，你得先找到渠在哪里。记忆法培训行业目前缺乏准入门槛，不管是初、高中学历还是本科、研究生学历都可以在记忆法培训行业中"耕耘"，似乎没有什么真正的行业规范。但是如果以"世界记忆大师"作为行业标准，全国世界记忆大师的数量又远远不够，而且很多记忆大师是少年组和儿童组的冠军，也没有办法教学。

第四个原因，记忆法提倡的教学理念和传统教学理念之间存在差异，传统教学提倡"理解是记忆之父，重复是记忆之母"以及"书山有路勤为径，学海无涯苦作舟"，认为学习是必须勤奋努力才有效果，忽视方法和创新，导致很多孩子死读书，出现很多学习很努力但是成绩却一直不理想的同学。记忆法教学提倡的是图像联想记忆，鼓励学生创造性地发挥大脑的潜力，很多情况下学生可能在不理解原意的时候就已经记忆完毕了，但是学校的老师和家长们都提倡理解记忆，"只要理解了就能记住了"这句话是很多家长和老师经常挂在嘴边的一句话，但是现实情况并非如此，很多时候一些文言文、古诗我们理解了其中的意思，却不能一字不落地背出来。

传统教学模式倡导理解记忆，但是有些内容确实很难理解，比如文言文、历史、政治等信息，如果没有处在当时的环境中是很难理解的，这个时候只有跳出必须理解的圈子才能实现快速记忆。而且传统教学都是一节课中只学习一门学科，很难出现在一节课中既学习英语又学习数学或者其他学科的情况，也就是说每个学科都是孤立的，学科与学科之间似乎没有任何关联。但是记忆法强调的是整体性学习，用已经学习过的学科知识来解释和记忆未学习学科的内容，学科与学科之间存在着某种联系，让你在大脑里形成不同学科之间的信息通路。

第五个原因是记忆法并不是普适性的方法，虽然每个人都能从记忆法学习中受益，但是能达到的水平跟他的专注力、想象力、逻辑思维能力以及观察力有着密切的联系，所以并不是每个人都适合学习记忆法，这也导致它没办法被大面积推广。当然还有一些其他原因制约着记忆法的发展，但是我相信随着5G时代的到来，学习方式也会发生翻天覆地的变化，记忆法会被越来越多的人了解和使用，这种古老的学习方法会焕发出它新的活力。

第七节　学习记忆法真的能提升记忆力吗

很多学习和了解记忆方法的人都天真地认为，只要学习了记忆方法自己的记忆力就能获得提升，或者自己年纪大了学点记忆方法就能提升自己的记忆力了，现在正在看书的你肯定也想通过这本书来提升自己的记忆力，可事实真是这样吗？

如果学了记忆法就能提升记忆力，那大部分记忆大师们岂不是都应该过目不忘，拥有一目十行的能力？但现实情况是记忆大师也是普通人，不去刻意记忆的话也记不住。

我们大部分人认为的记忆力其实指的是机械记忆的能力，这种能力随着年龄的增长确实会不断下降，这就是为什么小孩子学东西学得快。因为年龄小的孩子大脑存储的东西比较少，可塑性比较强，所以学什么都学得快，但是随着年龄增长，学习的东西变得复杂，人们的记忆力往往会不如小时候。但是年龄大了之后，我们的理解能力可能会提升，所以是一个此消彼长的过程。

我们新买的电脑的运行速度会特别快，但是随着使用时间的增长，电脑的反应速度会越来越慢，人的大脑也是如此，很多成年人脑袋里装的东西越来越多之后，大脑的注意力和记忆力就大不如前了。

之前说了科学家发现人类右脑的图像记忆能力是左脑文字记忆能力的一百万倍，所以当我们把要记忆的材料转化成图像来记忆的时候，我们的记忆效率就会得到明显提高，但是我们本质的记忆能力没有得到根本的改变。所以学习记忆方法并不是提升了你的记忆力，而是挖掘了你大脑的潜能，转变了记忆材料的形态，让你充分调动你的长时记忆。

记忆的方法：
为什么你该这样记

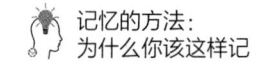

第八节　学习记忆法的自信心建设

　　学习任何内容和技巧都是有一个学习周期的，我们学完小学知识需要六年的时间，学车需要三个月左右的时间，同样，学习记忆方法也是需要有一个周期的。而记忆法的学习周期不是固定的，每个人的学习情况都不相同，有的人可能经过短短一周的训练，记忆力就有了突飞猛进的增长，有的人可能经过一年多的学习仍毫无起色。有很多读者之前已经读过很多相关的书籍和文章，但是记忆力还是没有得到提高，一个重要的原因就是做的训练不够多，没有突破这个学习周期，所以效果不明显。很多人会因为效果不明显而对这种方法丧失信心，甚至产生了怀疑。在这里，我写这部分内容其实就是要给大家树立自信，大家已经看过很多节目上的选手展示这项技能，而且快速记忆方法已经有两千多年的历史了，因此大家要相信这种记忆方法绝对是有效的。我之前看过不少关于记忆法的书籍，也学习了不少老师的课程，感觉到这些方法在实用方面确实有欠缺的地方，这是由古代人要记忆的材料和现代人所要记忆的材料状况不同所导致的。古代人考取功名可能只需要把四书五经读到滚瓜烂熟就可以了，但是现代人接触和了解的信息却非常复杂，所以对于记忆法的要求也有所不同。如果再沿用之前的记忆方法肯定不能满足现代人的记忆需求。

　　古代人记忆的信息是少而精的，现代人要记的内容却是繁而杂的，现在是信息时代，新知识在爆炸式地增长，所以，我们要对以前的古典记忆方法取其精华，去其糟粕，为我所用，根据现在这个时代发展的要求，将古典记忆法转变成一套适应当下的快速记忆方法。这些方法我会在后文给大家慢慢讲解，在这里我希望大家再看看在第一节结束的时候自己设立的目标，再次确认希望读完这本书或者按照书上的训练要求完成所有的训练计划以后，自己能达到一个什么样的程度或层次。出发点决定我们的终点，所以我觉得设立目标是非常重要的，希望大家在每次读这本书之前，都复习一下自己的目标。如果自己目前的水平和自己想要达到的目标之间的距离仍比较远，那就需要加把劲了，期待大家都能达成自己的目标！

CHAPTER 2

第二章

数字编码系统——数字记忆的基础

数字编码就是指把数字通过各种方法转化成图像,通过对数字进行编码,可以提升我们记忆数字的效率。本章会给大家介绍双位数字编码、数字字母编码、数字汉码、谐音数字编码这4种方法,希望大家认真阅读,为第五章数字信息的记忆打好基础。

记忆的方法：
为什么你该这样记

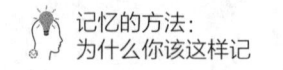

第一节　最常见的双位数字编码

　　双位数字编码是我们最常见的数字编码方法，它是将00至99这100个两位数通过谐音、象形和指代的方法转化成图像，方便我们记忆数字信息的一套编码系统。

　　给大家举个例子，看看双位数字编码是如何发挥作用的。请大家试一下自己要用多长时间才能记住下面这行数字：

　　1415926535897932384626433832795028841971

　　这是圆周率的前40位，如果大家不借助快速记忆方法，估计用一天的时间也很难将它们全部记住，即使记住了也很可能第二天就忘了。

　　无规律数字的辨识度很低，因此如果我们不利用快速记忆方法，是难以记忆的。市面上所流行的记忆方法基本上都是以两个数字为一个编码把它们转换成图像，因为图像属于辨识度比较高的材料。数字编码转化成图像的方法一般有三个，第一个是象形法，比如两位数01长得像小树，所以用小树来代替01。第二个方法是谐音法，比如25，我们的编码是二胡，因为二胡的发音和25很像。第三个方法是指代法，利用这个数字的特殊含义来指代，比如38的数字编码是妇女，因为3月8日是妇女节。

　　接下来我会通过编故事的形式帮助你记忆圆周率的前40位，让你先对记忆法产生一点信心。

　　首先，想象自己手里拿了一把大大的钥匙，然后你把钥匙砸到了鹦鹉的头上，鹦鹉头上起了一个大大的包，这个包和足球一样大，于是你给它起名叫"球儿"，球儿滚进一个尿壶里，尿壶的尿液溅到一只山虎身上，山虎很生气就吃了很多芭蕉，然后打饱嗝吐出一个气球，气球下面栓了一个扇儿，扇儿落到妇女的肩膀上，妇女用右手抓起一把饲料喂给她的宠物二牛，二牛吃饱了有力气跑到石山上，石山上又坐了一个妇女，她扇动手里的扇儿吹出一个超级大的气球，气球里住着一个武林恶霸，他脾气特别不好，一脚踹翻了一辆巴士，巴士压倒一瓶药酒，药酒最后洒在镰刀和锤头上。

这个故事你记住了吗？如果没记住那就再读一遍。刚才这个故事当中的每个图像都是一个数字编码，接下来我把它们所代表的数字信息给大家解释一下。

钥匙代表 14（谐音法）

鹦鹉代表 15（谐音法）

球儿代表 92（谐音法）

尿壶代表 65（谐音法）

山虎代表 35（谐音法）

芭蕉代表 89（谐音法）

气球代表 79（谐音法）

扇儿代表 32（谐音法）

妇女代表 38（指代法）

饲料代表 46（谐音法）

二牛代表 26（谐音法）

石山代表 43（谐音法）

武林代表 50（谐音法）

恶霸代表 28（谐音法）

巴士代表 84（谐音法）

药酒代表 19（谐音法）

> 记忆的方法：
> 为什么你该这样记

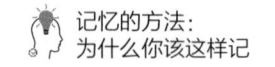

镰刀和锤头代表71（象形法）

这样我们就把这40个数字转换成图像了，大家可以再看看自己需要多久能把圆周率前40位记住。

在这里我会给大家提供一套数字编码，大家最好把双位的数字编码记住。当然，千万不要纠结于固定的数字编码，可能有的读者觉得给出的编码不适合自己，那可以根据刚才讲的三个方法，找自己喜欢的或者适合自己的编码，因为数字编码没有好与不好之分，只有适不适合自己，只要适合自己的就是最好的。

双位数字编码如下表。

数字	编码	来源
01	小树	象形法
02	铃儿	谐音法
03	凳子	象形法，三脚凳
04	小汽车	象形法，汽车有4个轮子
05	手套	象形法
06	左轮手枪	象形法
07	锄头	象形法
08	轮滑鞋	象形法，一双溜冰鞋有8个轮子
09	猫	指代法，神话传说猫有9条命
10	棒球	象形法
11	梯子	象形法
12	椅儿	谐音法
13	医生	谐音法
14	钥匙	谐音法
15	鹦鹉	谐音法

第二章 数字编码系统——数字记忆的基础

续表

数字	编码	来源
16	石榴	谐音法
17	仪器	谐音法
18	一把（人民币）	谐音法
19	药酒	谐音法
20	香烟	指代法，一盒香烟有20根
21	鳄鱼	谐音法
22	双胞胎	象形法
23	篮球	指代法，乔丹球衣号是23号
24	闹钟	指代法，一天24小时
25	二胡	谐音法
26	二牛	谐音法
27	耳机	谐音法
28	恶霸	谐音法
29	阿胶	谐音法
30	三轮车	象形法
31	山药	谐音法
32	扇儿	谐音法
33	闪闪（灯泡）	谐音法
34	绅士	谐音法
35	山虎	谐音法
36	三鹿	谐音法
37	山鸡	谐音法
38	妇女	指代法，3月8日妇女节
39	三九感冒灵	指代法/谐音法
40	司令	谐音法

记忆的方法：
为什么你该这样记

续表

数字	编码	来源
41	石椅	谐音法
42	柿儿	谐音法
43	石山	谐音法
44	蛇	谐音法，蛇发出嘶嘶的声音
45	师傅	谐音法
46	饲料	谐音法
47	司机	谐音法
48	石板	谐音法
49	天安门	指代法，1949年中华人民共和国成立
50	武林高手	谐音法
51	安全帽	指代法，劳动节（工人戴安全帽）
52	鼓儿	谐音法
53	乌纱帽	谐音法
54	武士	谐音法
55	火车	谐音法，火车发出呜呜的声音
56	蜗牛	谐音法
57	武器	谐音法
58	尾巴	谐音法
59	五角星	谐音法
60	榴梿	谐音法
61	儿童	指代法，儿童节
62	炉儿	谐音法
63	流沙	谐音法
64	柳丝	谐音法
65	尿壶	谐音法

续表

数字	编码	来源
66	蝌蚪	象形法
67	油漆	谐音法
68	喇叭	谐音法
69	漏斗	谐音法
70	冰激凌	谐音法
71	镰刀和锤头	象形法 / 指代法
72	企鹅	谐音法
73	花旗参	谐音法
74	骑士	谐音法
75	起舞	谐音法
76	汽油	谐音法
77	鹊桥	指代法，七夕节，牛郎织女鹊桥相会
78	青蛙	谐音法（南方地区方言谐音）
79	气球	谐音法
80	巴黎铁塔	谐音法
81	白蚁	谐音法
82	靶儿	谐音法
83	芭蕉扇	谐音法
84	巴士	谐音法
85	宝物	谐音法
86	八路军	谐音法
87	白旗	谐音法
88	爸爸	谐音法
89	芭蕉	谐音法
90	酒瓶	谐音法

记忆的方法：
为什么你该这样记

续表

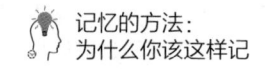

数字	编码	来源
91	球衣	谐音法
92	球儿	谐音法
93	旧伞	谐音法
94	救世主	谐音法
95	酒壶	谐音法
96	旧炉	谐音法
97	旧旗	谐音法
98	酒吧	谐音法
99	舅舅	谐音法
00	望远镜	象形法

需要强调一点，那就是大家应尽量用指代法或者象形法寻找适合自己的数字编码。用这两种方法的一个好处是能够直接达到"眼脑直映"的效果。如果运用谐音法比较多，可能会导致在回忆编码的过程中需要先回忆谐音的发音才能够回忆起编码，这样回忆的速度会稍微慢一些。

练习1 将数字以两个为一单位转化成图像。

8102375436031984069931106042095441196816310143420911539161976836806261138326209

_____

_____

练习2 将数字以两个为一单位转化成图像。

3712467424104263007333104374105059935581813540938578759010448114848847631721559 3

026

第二章
数字编码系统——数字记忆的基础

练习3 将数字以两个为一单位转化成图像。

4 9 5 3 1 1 4 6 6 7 2 5 0 9 8 6 2 3 9 5 8 3 0 4 4 1 3 0 6 9 2 3 0 0 7 7 1 9 3 7 8 1 6 3 2 3 7 2 6 4 2 9 9 2 4 1 7 9 9 0 7 1 7 1 1 3 5 2 2 4 0 1 2 4 7 9 6 0 7 7

注：数字编码转化训练的目的是让大家熟练地掌握数字编码，能够看到数字就想到对应的数字编码，才能达到实用记忆的效果。

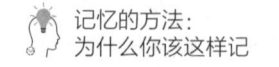

第二节　高效的数字字母对应系统

上一节讲的是最常见的双位数字编码，接下来再给大家介绍一下如何自己创造更多位数的数字编码，这个对于实用记忆非常有帮助。我们都知道数字一共有 0~9 这 10 个，接下来我们要做的工作就是找 10 个英文字母，用一个字母来代替一个数字。具体的对应结果如下：

0D	1Y	2Z	3S	4H	5W	6G	7T	8B	9Q

具体转化的理由是数字的拼音首字母或者象形法。数字 0 形状像大写的 D，很多人看到这里会问为什么不是 O，这个接下来会跟大家解释。数字 1 的拼音首字母是 Y，数字 2 像字母 Z，数字 3 像字母 S，数字 4 像小写的字母 h 倒过来，数字 5 的拼音首字母是 W，数字 6 像小写的 g，数字 7 像大写字母 T 的左半边，数字 8 像大写的 B，数字 9 像小写的字母 q。

这个转化的规律也不是固定的，大家可以参考这一套，也可以根据自己的习惯选择一套适合自己的数字字母对应法则。当我们拥有了这样一套数字和字母相配套的系统以后，我们就可以在任何时间、任何地点创造出随意位数的数字编码。一旦我们拥有了随机位数的数字编码，就能够记忆学习和工作当中遇到的数字信息。

接下来给大家介绍一下这样一套数字字母对应系统是如何帮助我们来创造随机位数的数字编码的。根据这样一套数字字母的对应法则，我们可以写出随机一组数字的对应字母，接下来我们要找到这样的一个词语或者是一句话，它们的拼音首字母刚好是这些数字所对应的字母，我们就能够在短时间内迅速地找到随机位数所对应的数字编码。比如，要记忆"960 年北宋建立"这样的一个知识点，960 这三个数字对应的字母是 QGD，这就是不把 0 定义为字母 O 的原因，拼音以 O 开头的汉字实在太少了，我们想到的拼音首字母为 QGD 的三个字词语可以是"穷光蛋"。穷光蛋不是一个具体的图像，我们需要找到一个具体的图像来更好地提高它的辨识度，比如我们可以想到光头强，因为光头强算是一个穷光蛋。接下来，"北宋"我们可以谐音成"背松树"，光头强是一个伐木工，所以可以想象有一天他砍倒松树，然后背松树的图像，这样我们就可以把这个知识点记住了。

这里需要注意的一点是，当我们把这一组数字对应的字母写出来以后，如果联想到的图像是一个统称名词，我们还需要进一步联想一个具体的图像来指代它。这样的话，它的辨识度才会更高。比如说像老人、小孩、老师这样的词语都属于统称名词，我们应尽量找到一个具体的图像来代替他们。若无法指代出一个具体图像，那我们联想的这个词语跟原来字母对应的词语间必须有一个强的逻辑关系，这种强的逻辑关系也可以帮助我们记忆。至于为什么把北宋谐音成"背松树"，还有怎么把"背松树"和"穷光蛋"这两个部分联系起来，这些内容会在接下来的部分给大家讲解，我们需要在这里掌握的就是迅速地把数字转换成字母，然后通过字母联想出词组或者词语的能力。刚开始大家在做这个练习时可能会觉得困难，在这里给大家提供一个技巧，如果说这些字母联想短语或词语比较困难的话，我们可以借助电脑或手机中的拼音输入法，只需要把首字母打上，输入法就会出来相应的词语。这个时候我们可以做一下积累，而且在之后单词的记忆当中也会用到。

接下来我们通过一些练习来把这一套系统熟练掌握。

记忆的方法：
为什么你该这样记

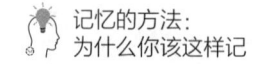

👉 **练习 1** 将数字对应的字母写出。注意：这里虽然让大家用笔写出这些词语，但是大家一定要在脑海里想到这些词语所对应的图像或者场景。（两位数字或三位数字）

数字	对应字母	字母联想
36		
09		
28		
46		
78		
101		
189		
476		
298		
890		

👉 **练习 2** 将数字对应的字母写出。注意：这里虽然让大家用笔写出这些词语，但是大家一定要在脑海里想到这些词语所对应的图像或者场景。（三位数字或四位数字）

数字	对应字母	字母联想
234		
765		
999		
1425		
6537		
3098		
9753		

续表

数字	对应字母	字母联想
2432		
1234		
9807		

☞ **练习3** 将数字对应的字母写出。注意：这里虽然让大家用笔写出这些词语，但是大家一定要在脑海里想到这些词语所对应的图像或者场景。（四位数字及更多位数字）

数字	对应字母	字母联想
2768		
9809		
3976		
2999		
56789		
12345		
987654		
234567		
321098		

在日常学习和工作当中，有时我们需要记的数字当中会有小数点，我们可以用字母 j 来代替小数点，因为字母 j 上面也有一个类似小数点的点。

总而言之，数字字母对应系统可以帮助我们记忆日常学习中要记住的数字信息，这也刚好符合之前给大家讲的实用记忆的灵活性特点。运用这种数字字母对应系统来记忆数字信息，其灵活性是非常强的。当然竞技记忆技巧当中也存在三位数字编码和四位数字编码，它们的寻找方式跟之前讲到的双位数字编码是非常类似的，通过象形、指代和谐音的方式，我们也可以寻找到三位数字编码和四位数字编码。但是三位数字编码和四位数字编码的熟悉过程是非常漫长的，甚至需要好几年的时间，根本无法在实际学习和工作中使用。对于实用记忆来说，只需要掌握这样一套对应法则，就可以帮助我们记忆日常生活和学习中的一些数字信息了。

第三节　神秘的数字汉码系统

接下来再给大家介绍一种数字汉码系统，这套系统是根据汉语拼音衍生出数字编码的系统。中华文化博大精深，每个汉字都有它对应的汉语拼音，汉字的汉语拼音是由声母和韵母组成的。数字汉码系统就是把所有的拼音分成十类，分别对应 0 到 9 这十个数字。有了这一套系统，我们就可以把每个汉字对应出一个两位数字，每两个数字都可以对应成一个汉字。由于汉字对应数字具有唯一性，而数字对应汉字不具有唯一性，所以这样一套数字汉码系统可以帮助我们记忆数字类的信息，而不能帮助我们记忆文字类的信息。

考虑到很多读者难区分翘舌音和平舌音，所以在这里，zh=z，ch=c，sh=s。这样一来，实际运用的声母一共是 20 个。韵母表中共有 35 个韵母，所有的复韵母都当成单一元素，不再做进一步细分。复韵母 iang、uang 和韵母 ang 一样都是数字 4 的代码。

在不考虑汉语拼音四声音调的前提下，汉语中的声母和韵母一共可组成 400 多个有意义的音节。其中绝大部分汉字的拼音都是由声母和韵母组成的，但是也有少部分的音节，比如说 a、ai、an、ang、ao、e、en、eng、er、o、ou 等没有声母。这部分对应的汉字只有 200 多个，大多数是生僻字。

根据我们的数字汉码系统，0 到 9 这十个数字对应声母或韵母，每两个数字对应一个汉字，具体方案如下：

数字	声母	韵母
1	Y	i/ei/ui

记忆的方法：为什么你该这样记

续表

数字	声母	韵母
2	Z（ZH）/R	e/ie/üe/er
3	C（CH）/X	an/ian/uan
4	S（SH）	ang/iang/uang
5	W/H/M	u/ü
6	L/N	en/eng/un
7	Q/K	ao/iao/ai/uai
8	B/P/F	a/ia/ua
9	G/J	iu/o/ou/uo
0	T/D	in/ing/ong

相对于数字字母系统来说，数字汉码系统确实比较复杂。我们只有把表格当中的对应法则记住，才能够运用数字汉码系统。所以接下来我将简单运用我们的记忆方法帮大家去记忆这个数字汉码表格。

数字 1 的首字母开头是 Y，所以数字 1 对应的声母是 Y。韵母主要是 i、ei、ui，它们都是 i 结尾的，这个是比较容易记忆的。

数字 2 在我们数字字母系统里面对应的字母是 Z（ZH），在这里加上 R，是因为数字 2 的拼音结尾是 R。数字 2 对应的韵母有 e、ie、üe、er，基本上都有字母 e。

数字 3 对应的声母是 C（CH）和 X，对应的韵母是 an、ian、uan，可以这样记：慈禧一天吃三顿饭。"慈禧"的拼音首字母是 CX，"三"的韵母是 an，所以数字 3 对应的是以 an 结尾的韵母。

数字 4 对应的声母是 S（SH），对应的韵母是 ang、iang、uang。这个可以这样记忆：4 的拼音声母是 S，有个词语是"四四方方"，所以数字 4 对应的韵母是 ang、iang 和 uang。

第二章
数字编码系统——数字记忆的基础

数字 5 对应的声母是 W、H 和 M，对应的韵母是 u、ü。数字 5 可以这样来记忆：5 的拼音首字母是 W，H & M 是瑞典的一个服装品牌；可以想象伸出手的五指去摸 H & M 品牌的服装，5 的韵母是 u，上面加两点是 ü。

数字 6 对应的声母是 L 和 N，对应的韵母是 en、eng、un。数字 6 可以这样来记：6 的拼音首字母是 L，有一个运动服装品牌是李宁（LINING），做体操动作要"摁"在单杠上，可以帮我们记住 en 和 eng；有一个比较吉利的成语是六六大顺，汉字"顺"的韵母是 un。

数字 7 对应的声母是 Q 和 K，对应的韵母是 ao、iao、ai、uai，我们可以这样来记忆：数字 7 的拼音首字母是 Q，在扑克牌当中 Q 和 K 是连着的；中国的情人节是七月七日七夕节，可以想到爱情，可以帮助我们记忆 ai 和 uai；在爱情当中要熬过异地恋，可以帮我们记忆 ao 和 iao。

数字 8 对应的声母是 B、P、F，对应的韵母是 a、ia、ua。我们可以这样来记忆：8 的拼音首字母是 B，和字母 P、F 的朝向都是朝右的，所以可以把它们 3 个联系在一起；然后 8 的韵母是 a，可以帮助我们记忆 ia、ua。

数字 9 对应的声母是 G 和 J，对应的韵母是 iu、o、ou、uo。我们可以这样来记忆，数字 9 的声母是 J，G 和 J 发音相似，数字 9 的韵母是 iu，数字 9 上半部分像 o，可以帮助我们记忆 o、ou、uo。

数字 0 对应的声母是 T 和 D，对应的韵母是 in、ing、ong，我们可以这样记忆：数字 0 的形状像土豆，"土豆"的拼音首字母是 TD，土豆的形状像 o，可以帮我们记忆 ong（这里要和数字 9 的韵母区分开），土豆在土里，"里面"的英语是 in，可以帮我们记忆 in、ing。

数字汉码系统运用的前提是要把数字对应的声母和韵母都记住，所以在接下来的训练之前，大家一定要把上面的这个表格牢牢记住。而且数字汉码系统的一个特点就是只能帮助我们记忆偶数位的数字，比如说三位的数字用数字汉码系统转换成数字编码是行不通的。必须找两位数、四位数、六位数……这样偶数位的数字才能够通过数字汉码系统转换成编码。

接下来，请大家通过一些训练来熟悉数字汉码系统。其中的一些训练是把数字转化成相对应的汉字，这些训练的答案是不唯一的（可以根据自己的能力多找几个答案）。另一些是把汉字转换成数字，这些训练的答案是唯一的。

👉 练习1 将以下数字转换成汉字。

45、21、78、90、00、87、54、99

_____

_____

_____

👉 练习2 将以下数字转换成汉字。

25、66、12、09、01、81、07、28、40、29

_____

_____

_____

👉 练习3 将以下数字转换成汉字。

43、22、79、60、20、57、44、77、64、89

_____

_____

_____

👉 **练习 4** 将以下文字转换成数字。

算、里、这、东、伞

_____

_____

👉 **练习 5** 将以下文字转换成数字。

王、个、像、枪、说

_____

_____

👉 **练习 6** 将以下文字转换成数字。

洗、天、名、记、忆

_____

_____

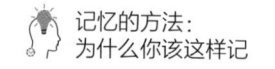

第四节　谐音数字编码

在实用记忆的过程中，为了记忆得更加牢固，我们必须让联想的故事尽量符合逻辑，所以数字编码系统一定要多元化。本节把谐音数字编码单独列出来给大家分享。

数字的谐音能给我们留下深刻印象，我们经常看到商家利用谐音法来做营销宣传，比如，5月20日中的"520"被谐音成了"我爱你"，就这样把这个普通的日子变成了情人节，带动了大家的消费。尤其是2021年的5月20日更加意义非凡，有两个"爱你"的加持，相信这一天的情人节礼物一定卖得特别火爆。再比如说数字"1314"被谐音成了"一生一世"，所以在情人节的这一天，电影院一定会安排13：14的场次，而且这场电影的电影票绝对会卖得非常好。

所以我们一定要把谐音数字编码利用好，给大家举个例子，看看我们怎么运用谐音数字编码来记忆历史知识。比如"618年李渊建立唐朝"这个历史知识，"618"可以谐音成"留一把"，"李渊"谐音成"梨园"，"唐朝"谐音成"糖果"（中文信息转化的方法第三章会讲到），这样我们就可以联想出"梨园里一个唱戏的人看到糖果留一把"这个故事，能帮我们把这个历史知识给记住。这里要记住的一个要点是我们利用数字谐音产生的图像是为中文信息转化的图像服务的，所以在转化的时候一定要统领全局。

用谐音数字编码也非常灵活，不管有多少个数字，我们都可以根据数字的发音把它转化成一个形象图像，这样我们记忆起来就很简单了。

第二章
数字编码系统——数字记忆的基础

☞ 练习 将下面的数字组合用谐音法转化成图像。

206：_____

608：_____

960：_____

1368：_____

1616：_____

1206：_____

1894：_____

1937：_____

1979：_____

1997：_____

2008：_____

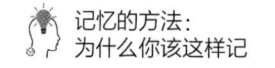

第五节　各种数字编码系统总结

通过前四节的学习，大家已经了解或掌握了双位数字编码、数字字母系统、数字汉码系统以及谐音数字编码系统。在这里，我们总结一下这四个方法相似的地方，以及它们各自的特点。

首先说一下这四个方法的相同点，这四个方法的原理是相同的，都是为了把我们要记忆的数字转换成辨识度高的图像，都是为了帮助我们记忆数字类信息。

接下来再说一下它们各自的特点。首先是双位数字编码，它最大的一个特点就是固定性。编码是可以固定不变的，这既是它的优点，也是它的缺点，说明这种方法易于掌握，但比较死板，灵活性不够强。而且双位数字编码只有 100 个，上手比较容易，应用领域也比较广泛，可以帮我们记忆中文信息，这会在接下来的内容中讲到。

然后是数字字母系统，它的特点是灵活度非常强，而且容易上手，运用领域也比双位数字编码更广泛。它的不足是需要经过一个长期的积累才能够顺手，前期要借助输入法才能写出对应的短语或句子。

接下来分享的是数字汉码系统，它的一个特点是，前期需要记的基础知识比较多，比较复杂，但是后期操作起来比较简单，没有数字字母系统对应起来那么复杂。大家需要注意的是由数字转化成汉字的答案有很多个，而由汉字转化出的数字是唯一的。

最后分享的谐音数字编码系统比较好理解，容易上手，适合用于在实用记忆中记忆数字类的信息。

希望大家自己认真琢磨，找到这四种方法的核心和内涵。大家要至少掌握其中两种方法，这对于我们接下来的学习非常重要。

CHAPTER 3

第三章

速记中文信息的密钥——中文记忆的基础

在日常学习当中，我们要记忆的内容以中文信息为主。所以如何把我们要记的中文信息转换成辨识度高的信息，这一点至关重要。接下来的内容需要大家认真仔细地阅读，我会从微观和宏观两个方面来介绍中文信息转换成图像的方法和技巧。相信当大家要去记忆满篇纯文字信息的时候，每个人都会感到头大，感觉无从下手，当然也不排除有极个别过目不忘的天才。希望大家在了解这一部分以后，再遇到纯文字信息的时候能够有章可循，通过掌握的一些技巧和方法来解决这些复杂的记忆问题。

记忆的方法：
为什么你该这样记

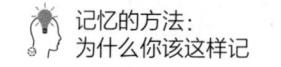

第一节　中文信息转化的微观技巧

中文信息的转化要先从中文信息比较少的词语或短语开始训练，慢慢地变成一句话转化训练，最后变成整篇文章转化的训练。首先我们要清楚中文信息转化的目的，就是为了把这些枯燥的文字转变成分辨度比较高的图像或者是逻辑性比较强的场景，总而言之，就是为了提高这些文字的辨别度，从而有助于我们记忆。中文信息转化的方法有指代、望文生义、增减字、倒序和谐音这五个，下面给大家介绍这五个方法如何运用。

第一个方法是指代法，这个方法类似我们玩的"你比画我猜"的游戏，在浙江卫视《王牌对王牌》节目中经常会出现这个游戏，嘉宾只能通过肢体动作来展示他们想表达的意思。以前的黑白默片时代有一个喜剧大师叫卓别林，在电影中，他通过夸张的肢体动作来表现他所想要表达的内容。比如"高度"这个词语我们可以用限高杆来代替它，每当想到限高杆这个图像的时候，我们立马就能回忆起"高度"这个词语，这就是指代法。再举一个例子，"奉献"这个词语我能联想到雷锋叔叔或者马路边上的献血车，这些图像都能让我回忆起"奉献"这个词语。

第二个方法是望文生义，望文生义直白一点理解就是曲解，要曲解我们本来要转化的信息，曲解以后的内容就是辨别度比较高的、比较形象的图像了。比如"抽象"这个词语，可以把它曲解成用鞭子抽打大象，这个画面就非常生动形象。再举几个例子，"金融"这个词语利用望文生义的方法可以转化成金子融化的图像，"发展"这个词语利用望文生义的方法可以转化成女生展开她的头发的图像。

第三个方法是增减字法，如果要记忆的信息内容比较多，我们可以从中挑几个关键词来记，只要我们通过这几个关键词能够回忆起原本要记的内容即可，这就是减字法。增字法运用的情况比较少，就是在原有内容的基础上增加几个字，反而能够出现比较形象的图像。比如"信用"这个形容词，当我们加上"卡"这一个字变成"信用卡"，它就变成了一个有图像的词语了。

第四个方法是倒序法，倒序法的意思就是把我们原本要记忆的信息的顺序进行颠倒，颠倒之后会出现一个比较形象的词语，比如"金黄"这个词语倒过来变成了"黄金"，它是一个具体的物象。还有，"雪白"倒过来变成"白雪"，也是一个非常形象的图像，但是倒序法运用的情况比较少。

第五个方法是谐音法，谐音法在数字编码的讲解中已经介绍过了，就是用谐音的方法找到适合我们的数字编码。在中文信息转化的过程中，谐音法也是被大量使用的，而且它是一个万能的技巧，当我们走投无路的时候，我们总可以利用谐音法找到一个有形象的、好辨识的图像。举个例子，"理念"这个词语用谐音法可以转化为"李连杰"。

估计大家在看了这五个方法之后是能够理解的，但是操作可能就不这么简单了，我们到底该先用哪个方法呢？有没有什么公式和技巧呢？答案是有的，我会在下一节给大家分享。

接下来我们就需要通过训练来熟悉这五种转化方法，找到里面的一些技巧。中文信息转化是非常灵活的过程，千万不要太死板了，当然转化的时候也有标准和要求，如果你根据你转化的内容能回忆起要记忆的内容，那就说明你的转化是合格的，反之则说明不合格。

练习1 将下列词语转化成图像。

抵抗：_____

记忆的方法：
为什么你该这样记

生存：_____

订货：_____

边防：_____

原谅：_____

教育：_____

练习 2 将下列词语转化成图像。

科研：_____

经费：_____

动员：_____

安置：_____

互相：_____

清新：_____

练习 3 将下列词语转化成图像。

收入：_____

稳定：_____

即将：_____

付出：_____

代表：_____

编审：_____

练习 4 将下列词语转化成图像。

虚心：_____

抵达：_____

室外：_____

适当：_____

无息：_____

神奇：_____

▶ **练习5** 将下列词语转化成图像。

同情：_____

资源：_____

消极：_____

纪念：_____

附近：_____

欢乐：_____

记忆的方法：
为什么你该这样记

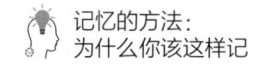

第二节　中文信息转化的宏观技巧

不知道大家在学完中文信息转化的微观技巧以后，在进行练习的时候，有没有遇到一些困难和问题。如果有遇到困难，那说明你是在用心训练，如果没有遇到问题，只能说你天赋异禀，要不然就是偷懒了。我想在接下来的这一部分分享当中，大家能够找到问题的答案。

有很多人可能不知道在中文信息转化的时候首先该用什么方法，或者在思考的时候感觉没有思路、没有头绪。很多人觉得学习快速记忆方法其实是在开发我们的右脑，因为很多记忆方法都要求我们把要记忆的信息转换成图像，图像记忆是右脑的一个功能。事实上确实也是这样，但是我们在学习快速记忆方法的过程中，没有要求大家把转换的内容仅限于图像。也就是说，学习记忆方法不仅是一个开发右脑的过程，而且要把我们的左右脑结合起来协同使用，这样才能够达到更高的用脑效率。

接下来给大家讲一下如何在宏观上把握中文信息转化的技巧，在进行中文信息转化之前，我们一定要对这个词语进行理解，这个过程其实就需要调用我们左脑的理解能力。在理解过程中进行判断，判断这个词语你是否能够理解。如果这个词语你理解不了，建议大家直接采用谐音法。如果这个词语是你能够理解的，那你就可以采用指代法。所以，谐音法和指代法是用得比较多的方法。如果用这两个方法解决不了，则可以考虑用望文生义、增减字和倒序法。

我们在用指代法进行中文信息转化的时候，还会遇到一个问题，就是明明我们能够理解某个词语的意思，但是当我们想用指代法来转化图像的时候，却无法找到相应的图像。这种情况用谐音法来转化即可，比

046

如"方针"这个词语大家都能理解是什么含义，但是用指代法进行转化的时候却发现很困难，我们就可以用谐音法转化成"放一根针"，这样就能把这个词语转化成图像了。

再分享一种方法，也是指代法中的一种，比如"基于"这个词语的含义，我相信大部分的读者能够理解。但是如果让我们找一个图像来指代"基于"，恐怕比较困难。这时候我们可以用一个有含义的行为和动作来指代。"基于"是由于、根据的意思，我们可以想到坐飞机的时候，机长通过广播告诉我们基于今天的大雾天气飞机可能晚点，可以想到这样一个有含义的动作指代。有含义的动作跟之前所说的你比画我猜游戏非常类似，在你比画我猜的游戏当中，表演者就是通过肢体动作来帮助选手猜出词语的。当然有的小伙伴通过这个有含义的动作无法回忆起"基于"这个词语，那么可以再把"基于"的"基"谐音成飞机的"机"帮助我们回忆。

除了用有含义的动作来帮我们解决这些转化困难的信息外，在指代的过程中，我们还可以利用逻辑相似来进行转化。逻辑相似的意思是指把原来能够理解的，但是维度比较高的词语，或者说现实生活中比较难以接触的中文信息转化成逻辑结构相似的，我们比较熟悉的，在日常生活中就能见到的图像。举个例子，爱因斯坦的相对论，大家都不太容易理解，但爱因斯坦通过一个形象的比喻让我们大家都了解了相对论的含义。他说如果你和一个长得漂亮的人坐在一起，你会觉得时间过得很快，但是如果你坐在热火炉上，就会感觉时间过得很慢，这就是相对论。我们可以把一些维度比较高的内容，转变成与我们日常生活比较贴近的内容，这种降低维度的方法在记忆抽象知识的时候用得比较多。

大家在进行中文信息转换的时候，可能还会遇到一个问题，就是我们转化的这个词语，它能帮助我们回忆多个内容。比如通过袁隆平这样

记忆的方法：
为什么你该这样记

的一个人物，我们能回忆起科研、水稻、农民等。那怎么来区分哪个是我们需要记忆的？这个时候我们可以把袁隆平的形象进行"二次加工"。比如，如果我们想要记忆"科研"的话，可以想袁隆平在实验室用显微镜进行实验；如果想袁隆平开着拖拉机的场景，可以帮助我们回忆"农民"；如果想袁隆平在水田里插秧，可以帮助我们回忆起"水稻"。所以只需要将转化的图像进行修饰，我们就可以回忆起不同的记忆材料了。也就是说我们转化的主体在不同的场景和状态下，所表示的含义是不同的。

再给大家说一下中文信息转化的标准（上一节分享过一次，确实很重要，所以再强调一次），我们在进行中文信息转化的时候，不是说只要能找到一个词语转化出来就可以了，中文信息转化也是有判断的依据和标准的。中文信息转化的好坏，其标准就是你转化的这个图像或场景能否帮助你回忆起你原本想要记忆的内容，如果能够回忆起来，说明你转化得不错，如果你转化的信息不能够帮助你回忆，就说明你的转化是不成功的。因为你的回忆导向是模糊的，没有办法帮你回忆你想记忆的内容，这对于你的记忆是没有帮助的。为了让记忆导向更加准确，我们在平时可以多做词语中文信息转化的训练。当中文信息转化的训练做得足够多的时候，每个词语都会有一个固定的转化结果，这对于我们记忆中文信息是非常有帮助的。如果说这个词语是你能够理解的，但你用指代或者是含义动作的方法都不能转化出来，可以考虑用万能的谐音法。所以，大家可以放心，每个词语都可以通过我们的方法转换成辨识度比较高的信息。

从宏观的角度来说，我们中文信息转化的三大方向是逻辑、谐音和动作。刚才说的含义动作，其实也是逻辑方向的转化。我们转化出来的可能是具体的物象，也可能是场景或动作。动作大部分都是通过谐音转化出来的，但是也有一部分是通过指代转化出来的。

我知道大家现在都很忙，有的人忙着上班赚钱养家，有的人忙着考试升学，那么该如何抽出时间来训练中文信息转化的这些方法呢？教给大家一个好方法，那就是出去逛街的时候，有意识地关注马路两边的广告牌、商标，看看你能不能一边走一边将这些信息转化成图像，如果可以，说明你的转化能力已经很不错了，如果你需要停顿几分钟才能转化出来，那就说明进步的空间还很大。

接下来我们来做一些中文信息转化中含义动作转化的训练。

练习 把下列词语转化成有含义的行为。

证明：＿＿＿＿＿＿＿＿＿＿＿＿＿＿＿＿＿＿＿＿＿＿＿＿＿＿

解决：＿＿＿＿＿＿＿＿＿＿＿＿＿＿＿＿＿＿＿＿＿＿＿＿＿＿

信任：＿＿＿＿＿＿＿＿＿＿＿＿＿＿＿＿＿＿＿＿＿＿＿＿＿＿

勤奋：＿＿＿＿＿＿＿＿＿＿＿＿＿＿＿＿＿＿＿＿＿＿＿＿＿＿

鼓舞：＿＿＿＿＿＿＿＿＿＿＿＿＿＿＿＿＿＿＿＿＿＿＿＿＿＿

懒散：＿＿＿＿＿＿＿＿＿＿＿＿＿＿＿＿＿＿＿＿＿＿＿＿＿＿

折磨：＿＿＿＿＿＿＿＿＿＿＿＿＿＿＿＿＿＿＿＿＿＿＿＿＿＿

冷静：＿＿＿＿＿＿＿＿＿＿＿＿＿＿＿＿＿＿＿＿＿＿＿＿＿＿

在日常生活和学习当中，需要我们进行转化的中文信息不可能只有一个字或者两个字，基本上都是一句话或者是一段文字。我们怎么能够把一句话和一段文字转化成图像？这个才是我们需要学习的重点，接下来给大家讲解一下关于一句话中文信息转化的一些方法。

当我们需要把一句话转换成辨识度比较高的图像时，我们首先要做的是理解这句话，然后在这句话当中挑选我们能够理解的词语，或者说是你感觉比较关键的词语，这些词语基本就能帮助你回忆起这句话。我们挑选出来的词语转化成的图像，将会作为这个句子转化图像的主体。

记忆的方法：
为什么你该这样记

剩下的文字将作为修饰部分来修饰刚才转化出来的这个主体。这样的话我们就能够确保这句话中每个字都转化成图像。

我们在记忆中文信息的时候，其实并不需要把每一个字都转换成图像，尤其是在记忆问答题的时候。记忆文言文对我们的要求比较高，因为你记错一个字，在默写的时候都是要扣分的，但是对于问答题，记忆的时候我们不需要一字不差地全部记下来。我们只需要把问答题这一句话当中的主要关键词给记住就可以，这样的话我们的记忆效率会更高。当然这一章主要讲的就是如何转化的问题，至于怎么把这一长串的文字都记下来，是在接下来的部分才会给大家讲到的，在这一部分大家只需要掌握如何转化就可以。

第三节　整句话的转化

在前面两节，我们已经学习了怎么把词语转换成图像，但是在实际的学习场景当中，我们基本上遇到的都是句子或者是大段的文字，所以接下来我们就要练习如何把一个句子转换成图像。熟练掌握这种技巧，对于以后的学习是非常有帮助的。

如何把句子转化成图像呢？我们都知道句子是由词语组成的，所以把句子转换成图像，也是在词语转换的基础上进行的，接下来我来介绍一下具体的方法。

第一步，阅读和整理。反复阅读你想要记忆的材料，圈出这段材料当中的关键词。

第二步，转化。用之前学习的方法把你刚才找到的这些关键词转换成图像。

第三步，修饰。把没有圈出来的部分转换成图像来修饰已经转换的关键词的图像。这个过程就像女孩子化妆一样，女孩子化妆也是要经过很多步骤才能够完成的，而不是一步就能到位的。这一步是可有可无的，如果说你感觉刚才的关键词已经足够帮你回忆起你想记的内容，那就不需要修饰；如果说你有强迫症，或者是一个完美主义者，就是想要把每一个字都转化成图像，那你就进行修饰。

接下来我们举个例子。

商鞅变法的内容：国家承认**土地私有**，允许**自由买卖**；奖励**耕战**，**生产粮食布帛**多的人可免除**徭役**；根据军功的大小授予**爵位**和田宅，废除没有军功的旧贵族的**特权**；建立**县制**，由国君直接派**官吏**治理。

记忆的方法：
为什么你该这样记

加粗的部分是我觉得比较关键的内容，如果我们能够把加粗的部分记住，那我们这个问答题拿到满分是没问题的，因为问答题的阅卷不会要求一字不差，只要能出现关键词基本就不会扣分。

"土地私有"，本身就是有图像的，可以想到农村老家的土地。"自由买卖"，也是图像，可以想到在市场上自由买卖。"耕战"可以谐音成发工资是崭新的钱。谐音也是有技巧的，我们转化完图像会用故事串联的方法（之后会讲到）进行记忆，为了更好地记忆，我们的故事必须具有整体性，所以谐音的时候要为整体性进行服务。

"生产粮食布帛"本身就是图像，就不用转化了。"徭役"，谐音"摇晃一下"。"爵位"和"田宅"谐音成"种田的时候脚踩在田里"。"特权"和"县制"这里先放一放，我会通过强逻辑关系使用机械记忆把它们记住。最后一个关键词"官吏"谐音成"博物馆立着"。

接下来我们来通过故事串联的方式进行记忆，我们把"商鞅"这个名字谐音成"伤羊"，一只受伤的羊，这样可以作为我们回忆的触发点帮助我们回忆，因为我们平时需要记忆的内容太多了，只有这样才能回忆起我们记忆的内容。

我们来进行故事的联想，想象有一个牧民，他家里养了很多羊，这些羊和狼都在私有土地里进行放牧。等到羊长大以后，他要把这些羊进行自由买卖。卖完了以后，他得到了钱，这些钱相当于他的工资，而且这些钱都是崭新的钞票。当这个牧民有了钱以后，他会去买一些粮食和布匹用于生活，在煮大米的时候，需要把米先洗一下，摇晃一下。大米来自水稻，那可以想在种水稻的时候，脚踩在田里。在中国种水稻最厉害的人是袁隆平，他有自己的特权，就是不需要考驾照，也可以开车。他这么努力就是为了打破水稻亩产的限制。袁隆平教授非常有名，很多博物馆都立着他的雕像。通过这样的一个联想，我们基本上就可以把这个问答题给记住了。

句子转化能力是建立在词语转化能力基础之上的,所以一定要把词语的转化练好,这样才能够真正地在以后的学习当中使用。

练习 按照步骤将下面的文字转化成图像。

自然地理要素(大气、水、岩石、生物、土壤、地形等)通过水循环、生物循环和岩石圈物质循环等过程,进行物质迁移和能量交换,形成了一个相互渗透、相互制约和相互联系的整体。

_____
_____
_____

记忆的方法：
为什么你该这样记

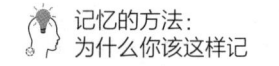

第四节 决定中文信息转化的关键因素

中文信息的记忆在我们日常学习当中占的比重最大，所以学会中文信息速记的方法对我们来说尤为重要，而中文信息转化又是中文信息记忆的核心，学好中文信息转化对我们来说非常关键。而决定中文信息转化能力的关键因素，就是习惯和认知。有的人看完前面的内容觉得很简单，不用训练就会了，可是当自己要转化的时候就会遇到很多问题，所以光认知达到了是不够的，我们还要养成好习惯。

最近抖音、快手这些短视频软件火得一塌糊涂，很多普通人也想分一杯羹，这个时候大家都会问一个问题：如何才能玩转短视频？很多大佬的回答是：你的认知没达到，所以你玩不了短视频。说实话我自己也尝试做了几个抖音账号，但是都不成功，在失败中我也总结了一些经验教训，总体来说抖音现在还是以泛娱乐为主，我做的知识分享想凭一己之力上热门是很难的。

很多人说2008年做淘宝、2014年做微信公众号、2018年做拼多多很容易成功，因为都赶上了这些平台的红利期，现在是短视频的红利期。我也非常认可这个观点，但是并不是每个平台红利期都适合每个人，即使你的认知达到了，你也很难凭借平台红利期一夜暴富，就像你认知中已经了解自己的记忆力需要提高，然后你学习了快速记忆方法，但是你会发现你的记忆力并没有得到提高。

在学习记忆方法的过程中，你认真地练习了中文信息转化法，使自己在进行学科知识记忆的时候，只要看到一个信息需要转化就会先判断自己理不理解。能理解就尽量用指代法，指代不出来就用谐音，如果信息不理解就直接用谐音法，这样你就能把左右脑同时调动起来，养成中文信息转化的好习惯。

只有有了一个好的习惯，你才能坚持做大量枯燥的练习，达到一种"无脑化"的程度，就类似机器自动化一样。讲到这里，其实就是想告诉大家，只有你的习惯养成到一定的程度以后，才能开始谈认知，否则一切都是徒劳。

当然认知也是相当重要的，如果认知达不到，你可能根本不会想要去学习记忆法，也根本不可能选择读这本书；当你有了这个认知，学习完技巧后，再通过大量训练实现经验覆盖，才能形成真正高效的记忆习惯。所以想要练好中文信息转化，就先慢慢养成良好的中文信息转化的习惯吧。

CHAPTER 4

第四章

字母编码系统 ——字母记忆的 基础

字母编码主要服务于英文信息的记忆，除了单个字母的编码和多个字母的编码外，一些常见的词根词缀也可以加入字母编码系统。

记忆的方法：
为什么你该这样记

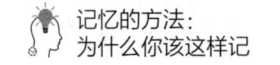

第一节　单个字母编码系统

学习字母编码，主要是服务于英文信息的记忆，我们主要讲单词的记忆，因为单词的记忆是英语学习的重中之重。如果你没有一定的词汇量，你的英语成绩肯定不会太好。这部分重点讲解的是英文单词编码体系。当你拥有了一个强大的编码体系，你就能够快速记忆单词，所以这节的内容是记单词的基础部分，希望大家能够牢牢掌握。

我们之所以感觉英语单词比较难记，是因为英文字母是没有任何意义的，它们对于我们来说辨识度是非常低的。如果我们能够把这些单词拆分成一个个的编码，记忆的时候就会轻松很多。

这里先给大家提供一套26个英文字母的编码，其中每个字母对应多个编码，以确保编码的多元性，为以后拆分单词打好基础。

这些字母编码基本上是通过字母形象、拼音首字母、单词首字母以及特殊指代这几种方法得来的，当然字母编码在单词记忆中运用得比较少，大家只需要稍微有点印象即可。

英文字母	编码	来源
A	苹果	单词首字母
B	笔	拼音首字母
C	月亮、尺子	象形法、拼音首字母
D	笛子、弟弟	拼音首字母
E	眼睛、鹅、饿	单词首字母、拼音首字母
F	斧子、拐杖	拼音首字母、象形法
G	鸽子、哥哥	拼音首字母

续表

英文字母	编码	来源
H	梯子、椅子	象形法
I	我、蜡烛	英语单词、象形法
J	钩子	象形法
K	机枪	象形法
L	棍子	象形法
M	麦当劳、妈妈	拼音首字母
N	门	象形法
O	蛋、呼啦圈	象形法
P	皮鞋、红旗	拼音首字母、象形法
Q	气球	象形法
R	小草	象形法
S	蛇、美女	象形法
T	踢、钉子、雨伞	拼音首字母、象形法
U	磁铁、杯子	象形法
V	漏斗、胜利的手势	象形法
W	王冠、乌鸦	象形法、拼音首字母
X	剪刀	象形法
Y	弹弓	象形法
Z	闪电	象形法

对于这些单个字母编码，大家只要看到这些字母能够反应出对应的编码就可以了，而且这套编码大家也可以慢慢地去扩充，你拥有的编码越多，你最后使用起来就会越灵活，你选择的余地也会越大。

记忆的方法：为什么你该这样记

练习 利用单个字母编码将下面的字母转化成图像。（最好有多个答案）

g h j k l f d s a z c v b n m o i u y t r e w q

_____

_____

_____

第二节　多个字母编码系统

多个字母的编码包括两个字母的编码以及三个甚至更多字母的编码，它们在英语单词记忆当中使用的频率会更高，多个字母编码的来源主要是这些字母的发音以及拼音的首字母。

在这里，我总结了一些比较常见的以及常用的多个字母的编码，希望大家能够牢牢掌握，这对以后的单词记忆会非常有帮助。

字母组合	编码
ab	阿伯、挨扁、阿宝
ap	阿婆
ar	矮人、爱人
at	挨踢、安踏
ad	广告、AD 钙奶、阿迪达斯
al	阿狸、袄
as	岸上
ch	吃喝
br	病人、白人
cr	超人
con	葱、恐龙
co	纽扣、可口可乐
ct	餐厅、磁铁、CT 机、冲突
ck	刺客、出口
ff	狒狒
fr	夫人、富人

续表

字母组合	编码
fl	法老
lt	老头
ld	老大
dr	敌人、大人
et	儿童、额头
gh	干活、桂花
gr	工人
gn	姑娘
nt	男童、难题
pl	漂亮
ry	溶液、绒衣、入狱、人鱼
ty	汤圆、吞咽
tr	突然、土人、树
st	身体、尸体、舌头、石头
ss	受伤
sp	食品、食谱
th	天后、天黑、土豪
tion	身、神
sion	婶、声
ment	馒头

其实这些常见的多个字母的编码就跟英语的词根词缀使用方法是一样的。它们的目的都在于把单词拆分成比较少的模块，这样会有助于我们的记忆。这些常见的编码，希望大家能够熟记。这个要求要比之前的单个字母编码高一些，因为它们的使用频率更高，当然我们使用的时候也要灵活，这个在后面的英语单词记忆部分会讲到。

第四章
字母编码系统——字母记忆的基础

练习 利用字母编码将下面的字母组合转化成图像。（最好有多个答案）

ab：_____

st：_____

cr：_____

ct：_____

nt：_____

et：_____

gr：_____

br：_____

th：_____

ad：_____

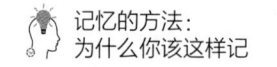

第三节　强大的多元字母编码系统

除了这些单个字母的编码和多个字母的编码外，我们还可以把一些常见的词根词缀加入字母编码系统，虽然只有20%的单词里含有词根词缀，但是我们也要将常用的一些词根词缀给记住，这样我们在记单词的时候，就能把单词拆分成我们熟悉的模块。

接下来给大家总结一些常见的词根词缀，有能力的小伙伴最好把这些词根词缀记住。市面上的英语培训机构都会把词根词缀称为单词的"偏旁部首"，当你把这些"偏旁部首"给记住了，对单词的记忆肯定是非常有帮助的。

常见的词根词缀：

词根/词缀	意义	记忆
ag	做，动	ag（阿哥），古代的阿哥做各种武林动作
ann	年	an（按）+n（门），每年过年拜年，按门上门铃
audi	听	a（一个）+udi（邮递员），一个邮递员接听电话送快递
bell	战争	be（手臂）+ll（双拐），战争中的士兵，用手臂拄着双拐
brev	短	br（病人）+ev（依偎），病人穿着很短的衣服，依偎在一起
ced	走	ced（扯耳朵），妻管严被老婆扯耳朵走
circ	环，圆	ci（吃）+rc（肉串），吃圆圆的肉串

续表

词根/词缀	意义	记忆
claim, clam	喊叫	cl（出来）+aim/am（挨骂），有人一出来喊叫就挨骂了
clud	关闭	cl（出来）+ud（邮递），拿出邮递的包裹，然后关闭快递柜
cred	相信，信任	cr（超人）+ed（耳朵），小朋友趴在超人耳朵上对他讲话，说相信他
bio	生命	bi（壁）+o（鸡蛋），小鸡打破鸡蛋壁出来就是生命
dict	说，言	di（弟弟）+ct（餐厅），弟弟在餐厅说话
duc, duct	引导	du（堵住）+c/ct（踩/踩踏），水管堵住了，踩或者踩踏来引导疏通水管
fact	做	fa（发）+ct（餐厅），发食物给餐厅，让他们做饭
fer	带，拿	fer（肥耳朵），把肥耳朵拿过来吃
fus	灌，流，倾泻	f（斧子）+us（右手），斧子用右手举起来，砸出泉眼流出很多泉水
gress	行走	gr（工人）+e（饿）+ss（拉面），工人饿了，走着一起去吃拉面
insul	岛	in（在……里面）+s（美女）+ul（游轮），岛里面的美女是开游轮过去的
ject	投掷	je（饥饿）+ct（冲突），饥饿的鳄鱼看到投掷的食物，就会起冲突
lect	选，收	le（可乐）+ct（冲突），兄弟两人因挑选可乐起了冲突
ex	出去	ex（恶心），恶心呕吐，把吃的食物都呕吐出去
loqu	言，说	lo（棒球）+qu（取），和小伙伴说一起打棒球，先取球棒和球

记忆的方法：
为什么你该这样记

续表

词根/词缀	意义	记忆
merg	沉，没	me（我）+rg（人工），我看到有人沉水，救上岸进行人工呼吸
mob	动	mo（摸）+b（脖子），摸脖子上的脉搏在跳动
mort	死亡	mo（模特）+rt（人体），商场的人体模特不动，因为她是死的
oper	工作	op（OPPO手机）+er（耳朵），去工作的路上把OPPO手机的耳机塞进耳朵里听歌
pel	推，逐，驱	p（碰）+el（二楼），推朋友的时候碰倒一个人，他从二楼摔了下去
rupt	打破	ru（入）+pt（葡萄），拳头打入葡萄，打破葡萄皮
scend, scens	爬，攀	sc（赛车）+end（结束）/ns（难受），开赛车爬坡油门踩到底，到山顶很难受
sist	站立	si（死）+st（身体），死去的身体无法站立
spect	看	sp（食谱）+e（饿）+ct（餐厅），饿的时候到餐厅吃饭，看着食谱点菜
spir	呼吸	sp（水盆）+i（我）+r（热），水盆里我放满热水，屏住呼吸开始洗头
tect	掩盖	te（特务）+ct（踩踏），特务在踩踏村民掩盖的地方
tele	远	te（特）+le（乐），过年从远的地方回家，家里人特别快乐
tract	拉，抽，引	tr（铁人）+a（一）+ct（磁铁），铁人被一块磁铁拉走
vari	改变	va（谐音成"袜子"）+ri（日），袜子放在日光下，大家闻到臭味，脸色改变
vert, vers	转	ve（卫衣）+rt（肉体）/rs（肉身），卫衣穿在肉体上，然后对着镜子转圈圈

续表

词根/词缀	意义	记忆
aero	空气，航空	a（一个）+er（儿子）+o（圆圆的），一个儿子戴着圆圆的航天头盔呼吸空气
alt	高	alt（阿勒泰），阿勒泰有很多高山
ambul	行，走	am（按摩）+bu（布）+l（拐杖），按摩的时候用布裹着，按摩完很痛，拄拐杖行走
bat	打	ba（爸）+t（靴子），爸爸拿着靴子打坏人
cert	确实，确信	ce（厕所）+rt（热天），厕所热天也要让大家确信是干净的
clin	倾	c（手抓）+lin（淋浴），手抓淋浴头是倾斜的
cub	躺，卧	cub（床右边），睡觉的时候躺在床右边
doc	教	doc（doctor 医生），医生教导实习生
dorm	睡眠	do（冬天）+rm（入眠），冬天动物都会入眠，睡眠时间很长
flat	吹	fl（法老）+at（在），法老在吹气施展魔法
frig	冷	fr（夫人）+ig（挨个），夫人将水果挨个放进冷的冰箱
grav	重	gr（工人）+av（安慰），工人背很重的水泥，工友过来安慰他
greg	群，集合	gr（工人）+eg（egg 鸡蛋），工人将鸡蛋组成集合包装好
ign	火	i（火柴）+gn（姑娘），卖火柴的小姑娘
magn	大	ma（骂）+gn（姑娘），不能大声地骂一个姑娘
misc	混合，混杂	mi（大米）+sc（食材），大米和食材混合在一起做成美味饭菜
mut	变换	mu（木）+t（靴子），伐木工每天更换靴子
norm	规范，正规，正常	no（不）+rm（人民币），没拿人民币去买东西，不符合规范

续表

词根/词缀	意义	记忆
parl	说，谈	pa（趴）+rl（人脸），趴在人脸旁跟别人交谈
past	喂，食	pa（趴着）+st（石头），小狗趴在石头上等待大家投喂
ped	脚，足	ped（碰耳朵），碰兔子耳朵，它就会用脚蹦跳跑走
plex	重叠，重	pl（漂亮）+ex（出），穿漂亮裙子出门，开心得重复转圈圈
rot	转	r（人）+ot（呕吐），人坐旋转木马呕吐
sper	希望	super（超级），超级英雄能给人带来希望
splend	发光，照耀	sp（水盆）+lend（借），借来的水盆能够折射阳光，发光照耀
tort	扭	to（投）+rt（人体），投篮踩到别人身体上，扭到脚
van	空，无	van（碗），碗是空的没有东西

这些都是常见的词根词缀，这里将记忆方法也简单分享给大家，大家也可以在以后的单词记忆当中，自己总结一些常见的词根和词缀，这样你的字母编码体系就会越来越丰富和强大，在记忆单词的时候就会更加轻松。记忆单词也符合马太效应，我们背的单词、词根词缀越多，我们记忆单词的速度就会越快。

到这里，我们已经把数字、文字、英文的转化技巧和方法分享完了，接下来就到了我们这本书的核心部分了，就是关于数字、字母以及文字这三类信息的记忆方法。如果大家没有按部就班地进行训练和记忆，后面的学习效果肯定会大打折扣，所以建议大家把前面的内容再从头到尾浏览一遍，没有问题了再看下面的内容。

第四节　拥有字母编码的重要性

　　前面三节给大家分享了英文信息记忆当中单个字母编码、多个字母编码和多元字母编码，为什么我们要掌握这么多编码呢？这些编码主要是为我们后期记忆单词服务的，因为我们记忆法的核心就是"以熟记新"，运用到单词记忆当中就是把单词拆分成我们比较熟悉的模块，这样我们在记忆单词的时候就会容易很多。

　　大家可以将这些字母编码理解为武器库，如果你只掌握了单个字母编码，相当于你上战场打仗只拿着大刀，如果你再掌握了多个字母编码，就相当于拥有了步枪，如果你把其他的多元编码体系也掌握了，相当于拥有了手榴弹。你想不想装备齐全地去打仗？

　　想要在单词记忆当中把这个仗打好，我们必须拥有精良的武器，要知道我们的敌人有500万个（英语单词目前总量），在小学阶段你必须打倒800~1200个敌人，初中要打倒2500个敌人，到了高考你必须打败3500个敌人，到了大学四六级、雅思托福考试你还要打倒更多的敌人……而你所能依赖的只有你自己，在这场没有硝烟的战斗中，你是自己唯一的援兵，你所能做的就是在开战之前练好"武艺"，配备先进的"装备"。只有准备充分，你才有可能在这场战斗中生存下去。

　　前两节讲的单个、多个字母编码大家也可以理解为词根词缀，第三节讲的词根词缀大家可以理解为我们认识的单词，在单词记忆当中，只有掌握了这些编码，在拆分的时候才会更加轻松，在联想故事的时候才能更符合逻辑，不然当你去读第七章的时候你会怀疑这些方法，你会发现自己联想的故事特别生硬。比如你在记忆单词"altitude，高，高度"

> 记忆的方法：
> 为什么你该这样记

的时候，"al"这个字母组合你只能根据发音谐音成"袄"，然后"titude"联想成"剃秃的"，最后联想故事"穿的袄子被剃秃了，海拔降低了"，这个故事比较生硬，记起来就会感觉别扭。如果你把"al"联想成"阿狸"，可以联想故事"阿狸去理发店剃秃，然后海拔就降低了"，这样联想一个比较有逻辑的故事，我们记起来就会更轻松。

所以你单词记忆效率低的重要原因就是你的编码体系不够丰富，你的武器库太匮乏，想要打好这场仗就一定要先把自己武装好。

CHAPTER 5

第五章

数学信息速记方法

故事串联法、记忆宫殿法和特征观察法是针对数字信息和扑克牌速记的方法。

> 记忆的方法：
> 为什么你该这样记

第一节　故事串联法

这一节给大家介绍如何用编故事的方法来记忆数字信息，在第二章中，已经教大家用故事串联法记忆了圆周率的前40位。除了圆周率这类无规律的数字外，我们日常学习当中也会遇到很多数字类的信息需要记忆，比如历史年代、化学元素的沸点熔点、山的海拔、河流的长度等。

那么数字信息该如何进行记忆呢？首先，我们把数字信息用数字编码系统（双位数字编码、数字字母编码、数字汉码编码和谐音数字编码）转化成图像；然后，剩下的中文信息内容用中文信息转化的五种方法转化成图像；最后，将两个图像结合起来。这样我们就能把包含数字信息的知识点给记住了。

接下来，给大家举几个例子来帮助大家理解这个方法。

案例1 公元前206年，刘邦率军攻入咸阳。

首先将"前206"这个数字转化成图像，可以谐音为"儿子领着牛"，而且儿子站在牛的前面；然后"刘邦率军攻入咸阳"可以转化为"汗水从肩膀流下，汗水是咸的"；接下来将这两部分信息串联成故事就能记住这个知识点了：儿子领牛汗流浃背，咸的汗水从肩膀流下来。

案例2 公元485年，北魏实行均田制。

首先将"485"这个数值转化成图像，可以谐音为"拾宝物"，"北魏实行均田制"谐音成"卑微的人均匀地舔"，最后串联成故事：一个卑微的人拾到宝物然后舔个遍。

🔍 **案例3** 1840 年，鸦片战争爆发。

我们将"18"转化成 2 位数字编码"一把钞票"，"40"转化为 2 位数字编码"司令"，然后联系成一个故事：为了赚钱的司令来中国贩卖鸦片。

🔍 **案例4** 1894 年，甲午中日战争爆发。

我们把"1894"对应的字母"ybqh"转化为"一帮求婚的人"，"甲午中日战争"重点记忆"甲午"，可谐音成"家务"，可以联想：一帮求婚的人在求婚的时候说，以后的家务都包在我身上。

🔍 **案例5** 1997 年，香港回归祖国。

其中的数字信息"1997"可利用数字汉码系统联想为"you jiao"，进一步联想为"右脚"，然后联想成一个故事：在香港回归祖国的前一天晚上 12 点，中国仪仗队伸出右脚踢正步，升起五星红旗。

上面的这 5 个案例中运用了第二章分享的双位数字编码、数字字母编码、数字汉码编码和谐音编码这 4 种数字转化方法，都是借助故事串联法来记忆数字类信息。

在使用故事串联法时，以下细节需要大家注意。

首先，我们用故事串联法的时候联想的故事应尽量符合逻辑，什么是逻辑呢？简单一点理解就是你联想的故事画面是日常生活当中能见到的或者在一些电视剧、电影、动画片中能见到的。如果你联想的故事特别天马行空，那么你还需要耗费一些脑细胞来记忆这个离奇的故事，这样会影响记忆效果。很多人学完记忆法之后感觉自己记东西还是容易忘，一个重要原因就是串联故事的质量不够高，当联想的故事质量非常高的时候，我们能够记一遍就形成长时记忆，不需要复习和回忆。

那如何才能将故事编得符合逻辑一些呢？这里分享三个技巧。第一个技巧是找共同点，我们要将两个或者更多的图像联系起来，就需要寻找共同点，通过这个共同点我们就能将不相干的两个事物给联系起来。

> 记忆的方法：
> 为什么你该这样记

我们要相信世界上任何两个事物之间一定存在共同点，我们一定能把不相关的两种事物联系起来。

第二个技巧就是我们在串联故事的时候，应尽量将开头的内容转化成"活物"。什么是"活物"呢？人物、动物这些能主动发生动作的都是"活物"，一旦你的故事开头联想的是一个"活物"，那么联想出一个有逻辑的故事就很容易了。但是如果你的故事开头是一些"死物"，比如桌子、椅子、手机、包子这些，你再去让它们发生动作的话，这个故事很难符合逻辑。这个技巧非常重要，大家一定要牢牢记住。

第三个技巧是遇到需要谐音转化的时候，我们应尽量把转化的信息分成三部分，第一部分最好转化成"活物"，第二部分转化成动作，第三部分转化成物象，这样我们就能组成主谓宾系统，可以大幅节省我们的记忆时间。

这个技巧是竞技记忆比赛中使用的技巧。在竞技记忆比赛中，蒙古国战队主要用的记忆方法是"PAO"系统，P指的是person（人物），A指的是act（动作），O指的是object（物体），所以他们用的就是主谓宾系统。可能有的人看不太懂，我就举个例子，让大家更容易理解，比如要转化"孙思邈"这三个字，我们把第一部分转化成活物"孙悟空"，第二部分用谐音转化为动作"撕开"，第三部分转化成物象"秒表"，这样就能将"孙思邈"转化成"孙悟空撕秒表"这样一个图像。

这里我分享的关于故事串联法的技巧不仅适用于数字类信息的记忆，所有的故事串联法的操作中我们都可以用到，这些技巧非常重要，大家可以多看几遍进行理解，在之后的内容当中就不重复给大家进行讲解了。

☞ 练习 用故事串联法记忆下面的数字信息。

1206年，成吉思汗建立蒙古政权。

1815年，拿破仑滑铁卢战败。

1857年，印度民族大起义。

1935年，遵义会议召开。

记忆的方法：
为什么你该这样记

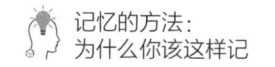

第二节　记忆宫殿法

　　记忆宫殿是一套我们熟悉的、有顺序的，而且彼此之间有明显差异的序列，常用的记忆宫殿有地点记忆宫殿、数字编码记忆宫殿、人物记忆宫殿、熟词熟语记忆宫殿等，这里主要给大家介绍地点记忆宫殿和人物记忆宫殿。

　　《最强大脑》《挑战不可能》这些节目里的记忆高手是如何将那些随机的数字和扑克牌轻而易举地给记住的？他们主要运用的方法就是记忆宫殿，这里说的记忆宫殿主要是指地点定位法。先给大家看一下地点记忆宫殿的模样，大家先有个认知。

　　上面就是一组卧室里的记忆宫殿，这组地点记忆宫殿一共有 10 个地点。通常情况下，我们在用地点定位法记忆数字的时候核心技术只有三

个，分别为数字编码、联结和地点。

大部分中国选手主要使用的数字编码方法是第二章给大家分享的双位数字编码，联结的要点是将每个编码发生的动作给固定下来，这样每次编故事的速度就会大幅提升，比如 21 的编码是鳄鱼，它的固定动作就是用牙齿撕咬。固定动作还能帮我们区分编码的前后顺序，因为一个地点上一般要记忆 4 个数字，也就是 2 个双位数字编码。

因为本书主要讲解的是实用记忆，所以关于编码动作就不给大家分享太多了，我们重点来学习一下如何寻找地点。

地点主要分成两大类，分别为室内地点和室外地点，我们中国人一般都是用室内地点来进行记忆的。

在寻找地点的时候，我们需要先想去哪里找。一般我们会先从自己家、自己亲戚家开始找，先找熟悉的地点再找陌生的地点。我们在找的时候最好用手机拍照，然后用笔记本和笔做好记录，防止以后自己忘记。一般我们都是以 30 个地点为一组，分成 3 个房间，每个房间里寻找 10 个小地点。接下来说一下寻找地点时要注意的事项。

第一，地点的顺序。我们在寻找地点的时候，如果第一个房间是顺时针寻找的，那接下来的房间都应统一顺时针寻找，这样方便我们进行记忆。

第二，地点的大小。我们寻找的地点大小要适中，不能太大也不能太小，最小的地点不能小于一个台灯，最大的地点不要超过一张床的大小。

第三，地点的间隔。我们寻找的地点中相邻 2 个地点的间隔一定要控制好，不能有的地点间隔过大，有的地点间隔太小，这样会导致我们在回忆的时候遗漏地点。

第四，地点的明亮度。我们在寻找地点的时候应尽量在明亮的环境

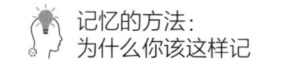

中寻找，不能在阴暗的环境中寻找，不然容易遗忘这些地点。

第五，地点是固定的。我们寻找的地点最好是固定不变的，有的人寻找的地点是垃圾桶，但是垃圾桶的位置经常发生改变，也会容易遗忘，所以尽量找固定不变的地点。

第六，地点要立体。我们寻找的地点应尽量有一个横面，有的小伙伴找到的地点是一面墙或者一面镜子这样的竖面，很多人联想的故事没有横面承载的话就容易往下滑，所以这些竖面地点的故事容易遗忘。

第七，地点的管理。我当时去参加记忆比赛的时候，记住了 2100 个地点，我是如何把这些地点全部记在脑海里的呢？基本上我是用 00~99 这 100 个数字编码来管理地点的，比如用"00 望远镜"记忆 30 个地点，用"01 小树"再记忆 30 个地点，只需要将数字编码联想出来放在每组记忆宫殿中第一个地点的位置，就能用 70 个数字编码管理这 2100 个地点。

第八，地点的使用。我们在用地点记忆随机数字的时候，基本上是一个地点记忆 4 个数字，每次找地点的时候也不会找太多，也就找 2 组地点就可以，然后用新找到的地点来记忆数字，这样就能把这些地点熟悉起来。

第九，地点不能重复。我们在寻找地点的时候，地点和地点之间一定要有差异性，这样我们才更容易把这些地点给记住。

大家掌握了这些技巧之后，可以从自己家里寻找 30 个地点试试，请大家把地点整理在下面的横线上。

_____

_____

_____

_____

接下来给大家示范用地点记忆宫殿来记忆圆周率的 61~100 位。首先看下这 40 个数字：

59230781

64062862

08998628

03482534

21170679

我们利用上面的卧室记忆宫殿来记忆这 40 位数字。首先，将图片中的这 10 个地点记住，第 1 个地点是地毯，第 2 个地点是椅子，第 3 个地点是书柜，第 4 个地点是桌子，第 5 个地点是柜子，第 6 个地点是壁画，第 7 个地点是枕头，第 8 个地点是台灯，第 9 个地点是床头柜，第 10 个地点是地板。我们先把这 10 个地点记住。

然后，用 1 个地点来记忆 4 个数字，这样我们就能把这 40 位数字全部记下来。用"地毯"记忆 5923，联想"地毯上有个五角星扎在篮球上"；用"椅子"记忆 0781，联想"在椅子上，一个人用锄头弄出很多的白蚁"；用"书柜"记忆 6406，联想"在书柜里用柳丝缠绕一把左轮手枪"；用"桌子"记忆 2862，联想"在桌子上一个恶霸踢翻炉儿"；用"柜子"记忆 0899，联想"在柜子上用轮滑鞋压倒舅舅"；用"壁画"记忆 8628，联想"在壁画这里八路军制服了一个恶霸"；用"枕头"记忆 0348，联想"在枕头上用一把凳子砸石板"；用"台灯"记忆 2534，联想"在台灯这里的一把二胡砸晕了绅士"；用"床头柜"记忆 2117，联想"床头柜这里的一条鳄鱼在咬仪器"；最后用"地板"记忆 0679，联想"在地板上用左轮手枪打破气球"。

这样我们就把圆周率 61~100 这 40 个数字给记完了，在第 2 章已经给大家讲了圆周率前 40 位的记忆方法，接下来我们用人物记忆宫殿来记

记忆的方法：
为什么你该这样记

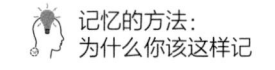

忆圆周率的 41~60 位，这样我们就能把圆周率前 100 位给记住了。我们用西游记里的唐僧、孙悟空、猪八戒、沙和尚和白龙马这 5 个主要人物来记忆这 20 个数字，一个人物记忆 4 个数字。

圆周率 41~60 位：69399375105820974944。用"唐僧"记忆 6939，联想"唐僧感冒了，用漏斗喝三九感冒灵"；用"孙悟空"记忆 9375，"孙悟空拿着旧伞在起舞"；用"猪八戒"来记忆 1058，联想"猪八戒用棒球棍打松鼠的尾巴"；用"沙僧"来记忆 2097，联想"沙僧用香烟烫紫荆花"；最后用"白龙马"记忆 4944，联想"白龙马来到天安门，看到有条蛇在'嘶嘶'地吐信子"。这样我们就能把这 20 个数字给记住了。

我们用了故事串联法、人物记忆宫殿和地点记忆宫殿记忆了圆周率的前 100 位，接下来大家可以先复习下，然后尝试默写圆周率前 100 位。

我们日常生活当中记忆随机数字的需求比较少，我们只要了解这些方法就行，不需要深入研究。

第三节　扑克牌的记忆

扑克牌是全球通用的益智娱乐运动，这使得扑克牌记忆成为世界记忆锦标赛的项目之一，而且是所有比赛项目中最具有观赏性的。相信现在正在看书的你也想知道如何记住一副扑克牌，并想知道打牌的时候是不是也能用上。如果真想打牌的时候记牌，你必须要准备足够多的记忆宫殿。

那么，我们如何记忆扑克牌呢？

首先，我们要把一副扑克牌（除去大小王）的每一张进行编码，转变成形象的画面。关于扑克牌的记忆方法有很多种，这些方法最主要的区别就是扑克牌编码（把扑克牌转化成图像）原则的不同，这里介绍一种中国的记忆大师通常使用的方法：将扑克牌分为数字牌和人物牌，数字牌是指 1 至 10，人物牌是指 J、Q、K。

扑克牌转化为数字的规则为：黑桃代表十位数的 1（黑桃的下半部分像"1"），红桃代表十位数的 2（红桃的上半部分是两个半圆的弧形），梅花代表十位数的 3（梅花由三个半圆组成），方块代表十位数的 4（方块有 4 个尖角）。

例如：黑桃 1 代表 11，黑桃 2 代表 12，……，黑桃 9 代表 19；红桃 1 代表 21，红桃 2 代表 22，……，红桃 9 代表 29；梅花 1 代表 31，梅花 2 代表 32，……，梅花 9 代表 39；方块 1 代表 41，方块 2 代表 42，……，方块 9 代表 49；对于数字为 10 的牌，可当作 0，即黑桃 10 代表 10，红桃 10 代表 20，梅花 10 代表 30，方块 10 代表 40。

对于人物牌，把牌的大小定义为十位数，花色定义为个位数，我通

记忆的方法：为什么你该这样记

常把 J 定义成 5，Q 定义成 6，K 定义成 7，这样黑桃 J 就是 51、红桃 J 是 52、梅花 J 是 53、方块 J 为 54，剩下的 Q 和 K 依次对应为 61、62、63、64 和 71、72、73、74。把每张扑克牌都转化成数字后就可以和我们的数字编码联系起来，变成图像了。

黑桃：

黑桃 10—10—棒球；

黑桃 1—11—梯子；

黑桃 2—12—椅儿；

黑桃 3—13—医生；

黑桃 4—14—钥匙；

黑桃 5—15—鹦鹉；

黑桃 6—16—石榴；

黑桃 7—17—仪器；

黑桃 8—18—钞票；

黑桃 9—19—药酒；

黑桃 J—51—安全帽；

黑桃 Q—61—儿童；

黑桃 K—71—镰刀和锤头。

红桃：

红桃 10—20—香烟；

红桃 1—21—鳄鱼；

红桃 2—22—双胞胎；

红桃 3—23—篮球；

红桃 4—24—闹钟；

红桃 5—25—二胡；

红桃6—26—二牛；

红桃7—27—耳机；

红桃8—28—恶霸；

红桃9—29—阿胶；

红桃J—52—鼓儿；

红桃Q—62—炉儿；

红桃K—72—企鹅。

梅花：

梅花10—30—三轮车；

梅花1—31—山药；

梅花2—32—扇儿；

梅花3—33—闪闪；

梅花4—34—绅士；

梅花5—35—山虎；

梅花6—36—三鹿；

梅花7—37—山鸡；

梅花8—38—妇女；

梅花9—39—感冒灵；

梅花J—53—乌纱帽；

梅花Q—63—流沙；

梅花K—73—花旗参。

方块：

方块10—40—司令；

方块1—41—石椅；

方块2—42—柿儿；

记忆的方法：
为什么你该这样记

方块 3—43—石山；

方块 4—44—蛇；

方块 5—45—师傅；

方块 6—46—饲料；

方块 7—47—司机；

方块 8—48—石板；

方块 9—49—天安门；

方块 J—54—武士；

方块 Q—64—柳丝；

方块 K—74—骑士。

以上就是我自己的扑克牌编码，这个编码因人而异，找到一套适合自己的就好。

然后，练习读牌和联结。先练习把每张牌转化成图像，当你感觉你能很快把每张扑克转化成图像后，就可以练习联结扑克牌了。因为我们最后都是 2 张扑克牌放在一起记忆，所以我们需要把 2 张扑克牌的图像通过一个动作联系起来。这也是扑克牌训练中最关键的一步，联结质量的好坏将直接影响你最后的记忆效果。

一般 52 张牌需要联结 26 个小故事，如果你想在 2 分钟以内记住一副扑克牌，那你联结的时间应控制在 30 秒内，联结质量的评判标准是，如果你看到前一张能回忆起后一张，说明你的联结质量是不错的，反之就要反思自己的联结质量。基本上每天坚持读牌、联结牌 50 副，一个月后你就有 2 分钟记忆一副扑克牌的水平了。

最后，就要借助记忆宫殿进行整合记忆了。一般一个地点记忆 2 张扑克牌，所以需要 26 个地点才能记住一副扑克牌。关于记忆宫殿如何使用，在之前的文章中已经给大家分享过了，基本上前期联结牌的速度在 2 分钟以内就可以尝试去记忆扑克牌了，当你联结牌的速度在 30 秒内，那么恭喜，你已经可以在 2 分钟内记忆一副扑克牌了！是不是非常酷炫？

不过现在记忆大师的要求已经提升到 40 秒记忆一副扑克牌了，这要求你在 15 秒内完成联结，如此才有可能在只看一遍的情况下 40 秒内记住一副扑克牌。当然除了上面讲的这些方法外，还有你的记忆节奏、推牌的手法等都会影响到你的记忆速度，一定要找到你自己舒服的记忆节奏去记忆。

这一节关于扑克牌的记忆也是补充的内容，如果大家没有这方面的需求，只作简单了解，当成一个谈资就可以了。

记忆的方法：
为什么你该这样记

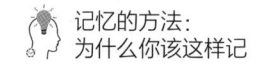

第四节　特征观察法

有时，我们会发现我们对一些有特殊含义的数字记忆会比较深刻，比如说"2、4、6、8、10"，这组数字我们看一遍就能记住，为什么呢？因为它是一组等差数列。所以我们如果能发现一组数字的规律，我们就能轻松记住这些数字信息。

再比如"19950613"这组数字，我的记忆就很深刻，为什么呢？因为这是我的生日。我们在记忆一个数字信息的时候，可以先观察一下，看看这个数字对自己来说有没有特殊的含义，如果这个数字信息有特殊的含义，我们就可以轻松把这个数字信息给记住，举几个例子你就明白了。

🔍 **案例1** 618年，李渊建立唐朝。

这个历史年代的记忆方法之前已经给大家分享过了，这里我们再用一种新方法来记忆这个历史年代。首先，在"618"这3个数字前面加个"0"的话，我们就能联想到"0.618"是黄金分割比，然后可以联想李渊在黄金年代建立唐朝，这样我们就能记住这个历史年代了。

🔍 **案例2** 1368年，朱元璋建立明朝。

我们观察"1368"这4个数字会发现，它刚好是乘法口诀"3×6=18"，这样我们只需要记住这个乘法口诀，就能记住明朝建立的时间。

特征观察法在平时的学习中使用起来十分便捷，但是遇到这种有特殊含义数字的情况可能比较少，需要我们有一双善于观察的眼睛，才能找到这些数字的特殊含义。只要能找到这些数字的特征，我们记忆起来就会很快。

我已经给大家分享了故事串联法、记忆宫殿法和特征观察法三种记忆数字信息的方法,不过说实话,数字信息在我们学习当中占的比重不是很大,所以大家掌握这三种方法就非常厉害了。

CHAPTER 6

第六章

中文信息速记方法

本章结合具体的实例介绍了故事串联法、配对联想法、题目定位法、地点定位法、歌诀法、绘图记忆法、数字定位法、万事万物定位法、费曼学习法和思维导图记忆法。

记忆的方法：
为什么你该这样记

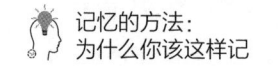

第一节 故事串联法

故事串联法是我们最常用的一种中文信息记忆方法，也是最容易使用的一种方法，就像上一章讲的用故事串联法记忆数字一样，只不过有些环节稍微有些区别。

我们先用左脑进行理解，找出其中的关键词，然后利用中文信息转化的方法将关键词转化成图像，最后将图像串联成一个有逻辑的故事，这样我们就能把这个知识点给记住。

给大家看几个案例，可以先看看具体是怎么操作的。

案例1 冰心代表作：《超人》《繁星》《春水》《小橘灯》《姑姑》《往事》《寄小读者》。

先通读并了解大意，然后将词语转化，形成具体图像；超人的画面是什么？繁星的画面是什么？一定要想象出来。然后联想记忆：冰心看到超人飞向了繁星，繁星掉进了春水里，春水里有一个小橘灯，小橘灯是姑姑做的，姑姑在回忆往事，把往事寄小读者。串联完再回忆一下，相信把这些冰心代表作倒着背都没有问题。

案例2 莫言的代表作：《藏宝图》《红高粱》《透明的红萝卜》《蛙》《金发婴儿》《十三步》《酒国》《生死疲劳》《会唱歌的墙》《四十一炮》《红树林》《食草家族》《白棉花》《司令的女人》和《老枪·宝刀》。

我们通过编故事的方式把上面这些莫言的部分代表作品给记住，大家要充分发挥自己的想象力。想象莫言手里拿了一张藏宝图，上面长出一片红高粱，红高粱地里又发现一个透明的红萝卜，透明的红萝卜上面有一只蛙，蛙跳到金发婴儿身上，金发婴儿吓得倒退十三步，来到酒国，在酒国喝了很多酒，感到生死疲劳，发现一面会唱歌的墙，墙上面架着四十一炮，四十一炮正在攻打红树林，红树林里住着食草家族，食草家族喜欢吃白棉花，白棉花是司令的女人种的，司令的女人很厉害，手里拿着老枪宝刀。先尝试自己看两遍故事，然后再尝试回忆，基本上看两遍我们就能把莫言的代表作给记住。

前面这两个案例都比较简单，因为冰心和莫言的代表作都是一些有图像的名词，所以我们在联想故事的时候，只需要在两个图像之间加入一个动作就可以了。接下来再分享几个比较复杂的案例。

🔍 **案例3** 自然地理要素（大气、水、岩石、生物、土壤、地形等）通过水循环、生物循环和岩石圈物质循环等过程，进行物质迁移和能量交换，形成了一个相互渗透、相互制约和相互联系的整体。

要想记忆这段内容，先得找出关键部分，大、水、岩、生、土、地通过水、生、岩循环形成渗透、制约、联系的过程。

然后联想：发洪水，大水淹过土地，水位升高，水升高漫过岩石，渗透到每家每户，可以拿沙子制约，最后不行了，联系救援队。这样就能记住这段内容了。

🔍 **案例4** 开元盛世出现的原因有哪些？整顿吏治，裁减冗员；发展经济，改革税制；注重文教，编修经籍。

开元盛世中的"开元"可谐音成"开圆圆的啤酒瓶盖"，可以联想夏天吃烧烤的情景来记忆。第一条可以这样来记：吃烧烤代表吃一整顿饭，"吏治"谐音成"荔枝"，喝完酒吃点荔枝醒酒，"裁减冗员"可以想吃烧烤的时候菜在减少，这样基本上第一条就记完了。第二条这样记：吃完烧烤我要付钱，想到拿出钞票就记住了"发展经济"，想到喝多了回家倒头就睡，就记住了"改革税（谐音成睡觉的睡）制"。第三条这样记：夏天睡觉有很多蚊子叫，可以记住"注重文教（谐音成蚊子叫）"，蚊子咬了很多包，需要拿风油精抹一抹，再挤破包，就记住了"编修经籍（谐音成风油精、挤破）"。

这样通过回忆这个场景，我们就能牢牢记住这个问答题了。

看完这4个案例，相信大家对故事串联法记忆中文信息的流程有了更深的理解，接下来我们通过几个练习来熟悉一下故事串联法的操作流程。

练习1 用故事串联法记忆鲁迅代表作。

鲁迅代表作品：《呐喊》《彷徨》《朝花夕拾》《野草》《华盖集》。

_____

_____

_____

练习2 用故事串联法记忆下面的问答题。

我国中小学常用的教学原则有八个：科学性与思想性统一原则、直观性原则、启发性原则、循序渐进原则、巩固性原则、理论联系实际原则、因材施教原则、量力性原则。

_____

_____

_____

第二节 配对联想法

配对联想法其实属于故事串联法中的一种，可以把这种方法理解为一把钥匙开一把锁，上一章用故事串联法记忆历史年代的例子主要用的就是配对联想法。它主要用于记忆信息比较少的中文信息，比如一些填空题、文言文注释的记忆和易错字易错音的记忆，这类内容只有两个信息，用配对联想法联想在一起就能记住。上一节讲的故事串联法是信息比较多时使用的，比如记忆一些多选题、问答题和文章，在用故事串联法的时候要统筹全局从整体把握，编一个符合逻辑的故事，这样才更有助于我们记忆。当然第三章讲到的中文信息转化方法一定要熟练掌握才行，不然接下来的方法很难使用好。

配对联想法跟故事串联法相比更容易上手，给大家举几个例子看看配对联想法该如何使用。

案例 1 重创（chuāng　chuàng）这两个读音哪个是正确的呢？

正确答案是一声，如何用配对联想法来记忆呢？首先找一个也是读chuāng而且我们不会读错的汉字，我们能想到"窗户"的"窗"也是一声，然后我们就可以联想，有个窗户被我们打碎了，这个窗户遭受了重创，这样我们就能记住这个易错音了。

在记忆易错音时，我们主要用的方法就是找到易错字的同音字组词，然后将这个词语跟原来容易出错的词语联想成一个故事。

案例 2 "关怀倍至"和"关怀备至"哪个是完全正确的呢？

正确答案是第二个，是刘备的"备"，我们可以联想《三国演义》中关羽对刘备是关怀备至的，这样我们就能记住这个易错字。在易错字的

记忆的方法：
为什么你该这样记

记忆中用到的方法是把这个容易写错的字重新组词，再跟原来的词语串联成一个故事，这样我们就不会记混了。

除了这种方法，记忆易错字还有一种方法是突出偏旁部首，比如赃款的"赃"是贝字旁，我们可以联想古代用贝壳作为货币，所以赃款的"赃"也是跟金钱相关的，这种方法也是配对联想法。

案例3《河中石兽》文言文注释记忆，山门圮于河，圮：倒塌。

文言文的注释也可以用配对联想法进行记忆，"圮"谐音成"墙皮"的"皮"，然后联想墙体倒塌了，墙皮也掉下来，这样我们就能记住这个文言文的注释。

案例4 井田制盛行于西周。

首先将井田谐音转化成"景甜"，西周谐音转化成"稀粥"，可以联想"景甜在喝稀粥"，就能记住这个知识点了。因为"井田制"和"西周"这两个词语没办法理解，我们就用了谐音法进行转化。

我们还可以用配对联想法记忆文言文，只要我们能寻找到共同点，就能把任何两个看似毫不相干的内容联系起来进行记忆。比如，我们用"派大星"这个人物来记忆《滕王阁序》中"星分翼轸"这句文言文，寻找这两者之间有什么共同点，我们可以联想，派大星是粉红色的，他比较懒，躺下一沾枕头就睡着了，这样我们就能记住这句文言文了。

配对联想法的使用范围还是很广的，接下来要给大家分享的单词记忆、图案记忆等用到的都是配对联想法。

练习 用配对联想法记忆下面的知识点。

《清明上河图》是画家张择端的绘画。

―――――――――――――――――――

《马可·波罗游记》描绘了元朝大都的繁华景象。

―――――――――――――――――――

我国最早最完整的农书是《齐民要术》。

逮捕 **dǎi** dài

刽子手 **guì** kuài

人情世故 人情事故

注：加粗内容为正确答案。

> 记忆的方法：
> 为什么你该这样记

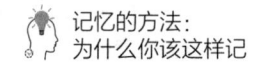

第三节　题目定位法

这一节给大家分享一种神奇的记忆方法，掌握了这种记忆方法，你在闭卷考试的时候也能够像开卷考试一样轻松。这种记忆方法就是题目定位法，也被称为内桩法，这是一种充分利用记忆材料特征的记忆方法。

题目定位法在记忆古诗和问答题的时候非常好用，当我们要记忆题目的字数和内容的条数一样时，我们就可以使用这种方法，接下来给大家举几个例子。

案例1 用题目定位法记忆古诗。

送杜少府之任蜀州

〔唐〕王勃

城阙辅三秦，风烟望五津。

与君离别意，同是宦游人。

海内存知己，天涯若比邻。

无为在歧路，儿女共沾巾。

这首诗可以用题目定位法来记忆，诗的题目第一个字是"送"，可以谐音成"松鼠"，我们就用松鼠来记第一句话，"城阙辅三秦"可以谐音成松鼠从城墙的缺口上去然后抚摸三把琴。

"杜"可以谐音成"大肚子男人"，一个大肚子男人在有很多风和烟的菜市场，然后他看到有卖猪肉的，买了5斤，这样就能记住第二句。

"少"可以想成"少女"，少女和自己的如意郎君分别，我们就能记住"与君离别意"。

"府"可以谐音成"斧子"，同事把斧子还给旅游的人。

"之"可以谐音成"一支笔",联想用笔写信给知己。

"任"可以谐音成"忍者",忍者动作很快,不管你在哪里都能找到,这样就能记忆"天涯若比邻"。

"蜀"可以谐音成树,树上的乌鸦骑在梅花鹿上喂自己的孩子。

"州"可以谐音成粥,儿女喝粥沾在衣襟上。

把题目中的每个字转化成一个图像来记忆一句古诗,就是题目定位法的应用。

对于一些比较难理解的诗句,可以直接用谐音法转化成图像,然后和题目转化的图像串联起来,就能实现快速记忆。

案例2 商鞅变法的主要内容是:废井田,开阡陌;奖励军功;建立县制;奖励耕织。

"商鞅变法"一共有4个字,可以记忆4条内容,"商"可以联想成"商场","井田"谐音成"景甜",商场有很大的景甜海报被撕破,逛商场的时候商场有很多人,不小心牵住了陌生人的手。

"鞅"可以联想成"插秧",插秧的时候弓着腰,然后均匀插秧,这样就能记住第二条。

"变"可以联想成"变形金刚",买了一个变形金刚的玩具给孩子玩,限制他玩的时间,把"县制"进行了谐音。

"法"可以联想成"发","耕织"可以联想成"工资",通过"发工资"就能记住最后一条了。

案例3 鸦片战争后签订了《南京条约》,南京条约的内容是:割香港岛给英国;赔款2100万银元;开放广州、厦门、宁波、福州、上海五处通商口岸;英商进出口所交关税由中英双方协定。

从内容上来看,《南京条约》的内容有4条,"南京条约"正好是4个字,我们可以用一个字记忆一条内容。

记忆的方法：
为什么你该这样记

第一个字"南"可以谐音成"男人"，可以联想男人都有香港脚，这样我们就可以把第一条给记住了。

第二个字"京"可以想到"北京人"，北京人很有钱，可以想到赔款 2100 万银元。

第三个字"条"可以想到"筹帚"，联想中国生产的筹帚质量很好，所以运到港口卖到国外去。剩下的广州、厦门、宁波、福州、上海五处通商口岸可以提炼关键字"广厦宁福上"来进行记忆。

第四个字"约"，可以联想跟英国人约会商量关税。

通过上面这 3 个案例，希望大家能够加深对题目定位法的理解，不过这个方法也有比较强的局限性，最适宜的就是题目文字数量和内容条数一样的情况，其他情况就要灵活处理了。比如要记忆的题目有 3 个字，内容有 4 条，我们该如何用题目定位法来进行记忆呢？我们只能用其中一个字来记忆两条内容，剩下的每一个字记忆一条内容。如果题目有 5 个字，记的内容有 4 条，我们就要把其中 2 个字放在一起记一条内容，剩下的每一个字记忆一条内容。不过我们还有很多其他方法可以使用。

☞ **练习 1** 用题目定位法记忆辛亥革命的影响。

推翻了清王朝的封建反动统治。

结束了中国两千多年的封建帝制，使民主共和观念深入人心。

辛亥革命的果实被北洋军阀袁世凯窃取。

它没有改变中国半殖民地半封建社会的性质。

☞ **练习2** 用题目定位法记忆清朝统治者实行"闭关锁国"政策的原因。

坚持以农为本的传统观念,为压抑、限制民间工商业的发展。

认为天朝物产丰富,无须同外国进行经济交流。

为抵制国家的领土主权受西方殖民者的侵犯。

害怕沿海人民同外国人交往,会危及自己的统治。

记忆的方法：
为什么你该这样记

第四节　地点定位法

在中文信息记忆当中使用地点定位法主要是为了记忆内容比较多的文章，比如一些文言文、诗歌和现代文等，具体的操作步骤和上一章讲解的用地点记忆宫殿记忆数字是一样的，只不过要记忆的内容由数字转变为文字，需要我们发挥中文信息转化图像的能力，只要能将文字转化的内容和地点结合起来，我们就能把这些复杂的文章给记住。接下来我将通过具体的案例给大家讲解地点定位法记忆文章该如何操作。

案例1 用地点定位法高效记忆《沁园春·长沙》。

沁园春·长沙

毛泽东

独立寒秋，湘江北去，橘子洲头。看万山红遍，层林尽染；漫江碧透，百舸争流。鹰击长空，鱼翔浅底，万类霜天竞自由。怅寥廓，问苍茫大地，谁主沉浮？携来百侣曾游，忆往昔峥嵘岁月稠。恰同学少年，风华正茂；书生意气，挥斥方遒。指点江山，激扬文字，粪土当年万户侯。曾记否，到中流击水，浪遏飞舟？

首先，把这首诗分成10部分，一句话就是一部分。

独立寒秋，湘江北去，橘子洲头。（1）看万山红遍，层林尽染；（2）漫江碧透，百舸争流。（3）鹰击长空，鱼翔浅底，万类霜天竞自由。（4）怅寥廓，问苍茫大地，谁主沉浮？（5）携来百侣曾游，忆往昔峥嵘岁月稠。（6）恰同学少年，风华正茂；（7）书生意气，挥斥方遒。（8）指点江山，激扬文字，粪土当年万户侯。（9）曾记否，到中流击水，浪遏飞舟？（10）

接下来我们用 10 个地点的记忆宫殿来记忆，以下面客厅的图片为例：
1. 门；2. 台灯；3. 壁画；4. 沙发；5. 茶几；6. 地板；7. 电视柜；8. 电视；
9. 花瓶；10. 餐桌。

我们先看着这个图，把这 10 个地点记忆下来，然后利用中文信息转化的方法把每句话转化成图像后和相应的地点结合起来，一个地点记忆一句话。

用"门"来记忆第 1 句，可以联想：天很冷，自己独立在门外敲门，穿着秋衣，门不停地响，门把手降下，结果家里没人，只能背过去去邻居家，邻居给了橘子吃，你皱眉头很无奈。此处用了谐音转图像。

用"台灯"记忆第 2 句，看晚上天黑打开台灯，灯泡一闪一闪，红遍整个房子，壁纸上层林尽染。

用"壁画"记忆第 3 句，壁画上江水漫过石头，江水很绿，江面上有很多龙舟在比赛。

用"沙发"记忆第 4 句，沙发上有鹰和鱼的玩偶，孩子把玩具放进碗里（万类），跑进院子里，竟自由。

用"茶几"记忆第 5 句，在茶几吃饭时唱了两首歌，包括一首《最炫民族风》（苍茫的天涯是我的爱），然后涮火锅，火锅食材在水煮中沉浮。

用"地板"记忆第 6 句，家有 100 对情侣来玩，和爸爸妈妈回忆峥嵘岁月。

用"电视柜"记忆第 7 句，电视柜上有老爸小学毕业的照片。

用"电视"记忆第 8 句，电视上播放的电视剧中有个书生很讲义气，挥酒瓶打吃饭时欺负朋友的人，对方跪下求饶。

用"花瓶"记忆第 9 句，花瓶上有江水和文字的水墨画，花瓶里用粪土种树相当黏，树枝像手腕一样粗，要保护，黏土很厚。

用"餐桌"记忆第 10 句，有人过年来你家送你只鸡，你不要，但是别人非要留下，所以拿去用水龙头的水冲洗，小孩子拿纸船放在水龙头里，浪遏飞舟。

有些内容通过谐音的方式可以快速在脑海里产生具体图像，这样复习两遍，差不多就能记住了，当然也要多复习。

🔍 **案例 2** 用地点定位法记忆《道德经》第二章。

《道德经》一共有 81 章，共 5000 多个字，里面讲解的内容可谓博大精深，任何人读懂了《道德经》都会受益一生。《道德经》也是除了《圣经》之外世界上印刷次数最多的著作，但是里面的内容太难理解了，如果用传统的理解记忆恐怕很难记住。我使用记忆宫殿不到 3 天就记完了全部 81 章，接下来我就以第二章为例，讲解下我是怎么记忆的。我主要利用的是谐音法，因为确实太难理解了。我们先要准备记忆宫殿，第二章的数字 2 像鹅，所以我找到跟鹅相关的 4 个记忆宫殿来记忆第二章。第二章的内容如下：

第六章
中文信息速记方法

天下皆知美之为美，斯恶已。皆知善之为善，斯不善已。故有无相生，难易相成，长短相形，高下相倾，音声相和，前后相随。是以圣人处无为之事，行不言之教。万物作焉而不辞，生而不有，为而不恃，功成而弗居。夫唯弗居，是以不去。

将第二章的内容分为 18 个部分记忆，前 3 张图每张记忆 5 部分，最后一张图记 3 部分。

记忆过程：在图片中找出地点，记忆地点；将文章内容转化成图像；将图像和地点联系起来；复习巩固具体转化（仅供参考）。

转化内容：

1. 天下皆知美之为美,(《白雪公主》里的王后说：魔镜魔镜告诉我，谁是这个世界上最美的人）

2. 斯恶已。（死鹅一只）

3. 皆知善之为善,（戒指闪了又闪）

4. 斯不善已。（这里不闪光）

5. 故有无相生,（有没有响声，可以联想有人鼓掌，把"故"谐音成"鼓"）

103

记忆的方法：
为什么你该这样记

转化内容：

6. 难易相成,（揽一箱橙子）

7. 长短相形,（鹅的脖子长短不一）

8. 高下相倾,（屋檐向下倾斜）

9. 音声相和,（树发出声音，像交响乐队）

10. 前后相随。（两只鹅前后相随）

104

转化内容：

11. 是以圣人处无为之事，（孔子可以坐在这，无所事事）

12. 行不言之教。（鹅下水行走，不说话，告诉人类保护环境）

13. 万物作焉而不辞，（晚上物理老师布置了很多作业，儿子生气了，离家出走没告诉家长，不辞而别）

14. 生而不有，（湖里的鱼生下来，没有东西吃）

15. 为而不恃，（喂给它们东西不吃）

转化内容：

16. 功成而弗居。（功夫明星成龙不在这居住）

17. 夫唯弗居，（两个小朋友手扶围巾，围住胡须，"弗居"谐音成"胡须"）

18. 是以不去。（死也不去）

将转化的内容和地点结合起来，然后尝试自己默写，最后再对照一下，把写错的字重点进行记忆，这样就能保证默写无误。

记忆的方法：为什么你该这样记

　　《道德经》的第二章是内容比较多的一章，很多人可能会觉得我的转化曲解了意思。其实，记忆和理解是可以分开的两个过程，就像和尚念经一样，不可能每句都明白什么意思。如果你认同我的方法，可以自己尝试背一下《道德经》第二章的内容，看看用 15 分钟能不能记住。

　　看到这里很多小伙伴估计就有疑问了，我们这么曲解原文转化图像记忆，虽然记得确实快了，但是会不会影响我们的理解呢？这里我们就要先讨论一下在学习当中究竟是记忆比较难还是理解比较难。学校里的很多老师都会在背书的时候告诉大家，大家千万不要死记硬背，一定要尝试理解记忆，但是我们会发现有些内容虽然理解却无法一字不差地背出原文。这也就说明了在学习当中记忆比理解困难一些，我们都知道"读书百遍，其义自见"，这句话也在说如果我们把书读熟了，里面的道理我们自然就能明白，也是在间接说明记忆的重要性。

　　在学习中，大部分情况下都是记忆比理解要困难许多，也有一些情况是理解比记忆困难。比如"1+1=2"这个数学等式我们记忆起来很容易，但是如果让我们理解 1+1 为什么等于 2 就很困难了，现在很多数学家都在想办法证明 1+1 为什么等于 2，但是都没有结果。

　　而且在学习当中，记忆和理解可以看作两个互不干扰的过程，如果你非要追求在理解的过程中记忆或者在记忆的过程中理解，就有点强人所难了，对于一些简单的知识点可能可以做到，但是对于一些非常复杂的知识肯定是做不到的。我们只需要提醒自己，用谐音法将文章内容转化成图像，只是为了帮助我们记忆而不是帮助我们理解，而且我们在转化的时候可以尽量用指代法，以避免麻烦。

　　在用地点记忆宫殿记忆文章的时候，我们选择的地点最好是和文章内容密切相关的，这样我们回忆的时候才比较容易，不然如果记忆的文章太多,我们回忆的时候肯定会产生混乱。

👉 **练习** 用下面的地点记忆宫殿来记忆《陋室铭》。(这组地点之前记忆了圆周率61~100位,不影响我们再记忆文言文,因为记忆信息属性不同)

山不在高,有仙则名。(1)水不在深,有龙则灵。(2)斯是陋室,惟吾德馨。(3)苔痕上阶绿,草色入帘青。(4)谈笑有鸿儒,往来无白丁。(5)可以调素琴,阅金经。(6)无丝竹之乱耳,无案牍之劳形。(7)南阳诸葛庐,西蜀子云亭。(8)孔子云:何陋之有?(9)

记忆的方法：
为什么你该这样记

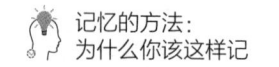

第五节　歌诀法

歌诀法在第一章也有提及，学校里的老师也会用这种方法来帮助学生提升记忆效率，可见歌诀法是大众认可度非常高的一种方法，大家都觉得歌诀法可以提升我们的记忆效率。

在使用歌诀法时，首先要通读记忆材料，了解大意，接下来提取信息中的关键字，然后将关键字转化，最后进行联想记忆。

这里需要提醒大家的一点是歌诀法主要用于记忆内容比较少的填空题，如果是用歌诀法背课文则很难起到效果，而且最好用于半熟的信息，也就是这个知识点你即将背过但是还没有背过，此时使用歌诀法才能发挥出它最大的作用。如果是完全陌生的信息，直接使用歌诀法记忆的效果就不那么明显了，所以歌诀法主要是配合机械记忆发挥作用的。

给大家分享几个歌诀法使用的案例，让大家对这种方法有更深的了解。

🔍 **案例 1** 中国季风区与非季风区分界线是：大兴安岭、阴山、贺兰山、巴颜喀拉山、冈底斯山。

先通读了解大意，然后提取关键字，大、阴、贺、巴、冈，将关键字转化成"打赢喝八缸"，进行联想记忆：季风与非季风约定谁打赢就喝八缸酒。

🔍 **案例 2** 东盟十国：老挝、马来西亚、新加坡、菲律宾、越南、泰国、柬埔寨、印度尼西亚、文莱、缅甸。

先通读几遍了解大意，然后提取关键字，老、马、新、菲、越、泰、柬、印、文、缅，将关键字转化成"老马新飞跃，太监印文缅"，我们就

108

能把东盟十国给记住了。

这个方法比较简单，这里就用这两个案例给大家演示下，接下来请大家自己尝试用歌诀法来记忆下面的内容。

练习1 用歌诀法来记忆参与八国联军侵华的八个国家名称，分别是英国、俄国、日本、法国、意大利、美国、德国、奥匈帝国。

_____

_____

练习2 用歌诀法记忆战国七雄，分别是齐国、楚国、秦国、燕国、赵国、韩国、魏国。

_____

_____

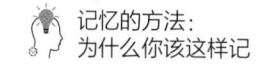

第六节 绘图记忆法

绘图记忆法是把我们要记忆的信息通过绘图形式展现出来的方法，通过之前的内容大家也了解到了，让大脑记忆得更快更牢的一个重要技巧就是将要记忆的内容通过我们的方法转化成图像（数字信息借助数字编码转化、中文信息借助中文信息转化方法转化、英文信息借助字母编码转化）来记忆。我们的大脑对于图像更敏感，这样就能大幅提升我们的记忆效率。

之前分享的记忆方法主要是让大家在自己的大脑里去想象联想出来的图像和场景，这对于一些想象力不好的小伙伴来说是不太友好的，绘图记忆法就是将我们大脑想象出来的画面直接画出来帮助我们记忆。

不过也有的小伙伴可能会觉得自己没有学过美术，没有学过素描，这种方法对自己来说是不是就不能用，这个大可不必担心，我们用绘图法时，只要你自己能明白自己画的是什么就可以了，不需要画得非常精美，这也不符合快速记忆的目的。

绘图记忆法的操作步骤如下。首先将要记忆的材料多读几遍，找出其中的关键词，然后利用中文信息转化的方法把转化的图像直接画在白纸上，可以用彩笔也可以用黑色中性笔，只要能把转化的图像表示出来即可；然后看着自己画的图开始尝试记忆，记忆几遍之后如果能看着图把课文背出来，再把自己画的图盖起来，闭上眼睛回忆，如果也能回忆起来，说明你已经把想记忆的内容都记下来了。

绘图记忆法主要是用于背诵古诗和文章，当然对于一些填空题、问答题我们也可以用绘图记忆法来进行记忆，接下来通过几个具体的案例来看一下，绘图法是如何发挥作用的。

🔍 **案例1** 用绘图记忆法记忆下面的古诗。

渔歌子·西塞山前白鹭飞

〔唐〕张志和

西塞山前白鹭飞，桃花流水鳜鱼肥。

青箬笠，绿蓑衣，斜风细雨不须归。

这首词一共有五句话，而且每句话都有很多物象，我们直接就能转化成图像，最后我们把转化的图像绘制出来，就能把这首词给记住了。这里需要注意的是，最后一句话"斜风细雨不须归"中的"归"谐音成了乌龟的龟。

🔍 **案例2** 用绘图记忆法记忆下面的古诗。

书湖阴先生壁

〔宋〕王安石

茅檐长扫净无苔，花木成畦手自栽。

一水护田将绿绕，两山排闼送青来。

记忆的方法：为什么你该这样记

这首诗也是用同样的方法记忆的，把四句诗用绘图的方式直接表达出来，然后借助绘图就可以很轻松地把这首诗给记住，而且这首诗也没有使用谐音。

接下来大家可以自己尝试绘图记忆古诗，注意绘图的时候可以不涂色，有条件的话涂颜色更好，绘制图像时要尽量绘制成一幅图，不要一句话画一幅图影响回忆。

练习 用绘图记忆法记忆下面的古诗。

题西林壁

〔宋〕苏轼

横看成岭侧成峰，远近高低各不同。

不识庐山真面目，只缘身在此山中。

第七节　数字定位法

数字定位法主要是将我们学习的数字编码作为记忆宫殿的载体来记忆中文信息，这也体现出了数字编码不仅可以记忆数字类信息，也可以用来记忆中文信息。

接下来给大家演示下用数字编码来记忆长篇古诗。

案例 用数字记忆《琵琶行》。

琵琶行

〔唐〕白居易

浔阳江头夜送客，枫叶荻花秋瑟瑟。

主人下马客在船，举酒欲饮无管弦。

醉不成欢惨将别，别时茫茫江浸月。

忽闻水上琵琶声，主人忘归客不发。

寻声暗问弹者谁，琵琶声停欲语迟。

移船相近邀相见，添酒回灯重开宴。

千呼万唤始出来，犹抱琵琶半遮面。

转轴拨弦三两声，未成曲调先有情。

弦弦掩抑声声思，似诉平生不得志。

低眉信手续续弹，说尽心中无限事。

轻拢慢捻抹复挑，初为《霓裳》后《六幺》。

大弦嘈嘈如急雨，小弦切切如私语。

嘈嘈切切错杂弹，大珠小珠落玉盘。

间关莺语花底滑，幽咽泉流冰下难。

记忆的方法：
为什么你该这样记

冰泉冷涩弦凝绝，凝绝不通声暂歇。
别有幽愁暗恨生，此时无声胜有声。
银瓶乍破水浆迸，铁骑突出刀枪鸣。
曲终收拨当心画，四弦一声如裂帛。
东船西舫悄无言，唯见江心秋月白。
沉吟放拨插弦中，整顿衣裳起敛容。
自言本是京城女，家在虾蟆陵下住。
十三学得琵琶成，名属教坊第一部。
曲罢曾教善才服，妆成每被秋娘妒。
五陵年少争缠头，一曲红绡不知数。
钿头银篦击节碎，血色罗裙翻酒污。
今年欢笑复明年，秋月春风等闲度。
弟走从军阿姨死，暮去朝来颜色故。
门前冷落鞍马稀，老大嫁作商人妇。
商人重利轻别离，前月浮梁买茶去。
去来江口守空船，绕船月明江水寒。
夜深忽梦少年事，梦啼妆泪红阑干。
我闻琵琶已叹息，又闻此语重唧唧。
同是天涯沦落人，相逢何必曾相识！
我从去年辞帝京，谪居卧病浔阳城。
浔阳地僻无音乐，终岁不闻丝竹声。
住近湓江地低湿，黄芦苦竹绕宅生。
其间旦暮闻何物？杜鹃啼血猿哀鸣。
春江花朝秋月夜，往往取酒还独倾。
岂无山歌与村笛？呕哑嘲哳难为听。

> 今夜闻君琵琶语，如听仙乐耳暂明。
>
> 莫辞更坐弹一曲，为君翻作《琵琶行》。
>
> 感我此言良久立，却坐促弦弦转急。
>
> 凄凄不似向前声，满座重闻皆掩泣。
>
> 座中泣下谁最多？江州司马青衫湿。

《琵琶行》是高中需要背诵的古诗，而且确实比较长，一共有88句话，我们就用一个编码记忆一句话，这样的话用数字编码01~88就能把《琵琶行》给记住。

"01 小树"记忆"浔阳江头夜送客"，联想浔阳江头长了很多小树，晚上在江头送客人。

"02 铃儿"记忆"枫叶荻花秋瑟瑟"，联想枫叶荻花被风吹的声音像铃儿摇晃一样。

"03 凳子"记忆"主人下马客在船"，联想主人用凳子下马，客人还在船上。

"04 小汽车"记忆"举酒欲饮无管弦"，联想在小汽车里朋友想举杯喝酒却没有音乐①。

"05 手套"记忆"醉不成欢惨将别"，联想冬天喝酒，喝醉之后戴上手套，握手互相道别。

"06 左轮手枪"记忆"别时茫茫江浸月"，联想左轮手枪里发射的子弹打破了茫茫江面上的月亮图案。

"07 锄头"记忆"忽闻水上琵琶声"，联想用锄头干活的农民忽然听到水面上有琵琶声。

"08 轮滑鞋"记忆"主人忘归客不发"，联想穿轮滑鞋的主人忘记回

---

① 开车不喝酒，喝酒不开车。

记忆的方法：
为什么你该这样记

家，客人也不出发。

"09 猫"记忆"寻声暗问弹者谁"，联想猫听到琵琶声，想去找是谁在弹。

"10 棒球"记忆"琵琶声停欲语迟"，联想棒球棒打断了琵琶，琵琶的声音消失了。

"11 梯子"记忆"移船相近邀相见"，联想把梯子搭在船上，和船靠近，邀请见面。

"12 椅儿"记忆"添酒回灯重开宴"，联想添酒回灯重新开宴，人们坐在椅儿上。

"13 医生"记忆"千呼万唤始出来"，联想病人千呼万唤，医生才出来看病。

"14 钥匙"记忆"犹抱琵琶半遮面"，联想抱着琵琶半遮面，琵琶上半部分像钥匙。

"15 鹦鹉"记忆"转轴拨弦三两声"，联想鹦鹉站在琵琶上面弹拨三两声。

"16 石榴"记忆"未成曲调先有情"，联想吃着石榴听琵琶声，没有曲调但是很有感情。

"17 仪器"记忆"弦弦掩抑声声思"，联想科学家拿着仪器，听到琵琶声陷入深思。

"18 一把人民币"记忆"似诉平生不得志"，联想一个人把钞票扔上天诉说自己不得志。

"19 药酒"记忆"低眉信手续续弹"，联想喝着药酒低头接着弹自己的琵琶。

"20 香烟"记忆"说尽心中无限事"，联想男人抽着烟说尽心中无限事。

"21鳄鱼"记忆"轻拢慢捻抹复挑",联想鳄鱼的眼睛不停地慢慢向上挑。

"22双胞胎"记忆"初为《霓裳》后《六幺》",联想双胞胎先穿衣裳,然后过六一儿童节。

"23篮球"记忆"大弦嘈嘈如急雨",联想打篮球的时候突然下大暴雨。

"24闹钟"记忆"小弦切切如私语",联想闹钟的声音很小,如窃窃私语。

"25二胡"记忆"嘈嘈切切错杂弹",联想很多二胡一起弹,错综复杂。

"26二牛"记忆"大珠小珠落玉盘",联想两头牛撞樱桃树,大樱桃小樱桃掉落在玉盘里。

"27耳机"记忆"间关莺语花底滑",联想玩滑梯的时候用耳机听英语。

"28恶霸"记忆"幽咽泉流冰下难",联想恶霸被人报复,开始哭泣抽咽。

"29阿胶"记忆"冰泉冷涩弦凝绝",联想阿胶放到冰泉里保存。

"30三轮车"记忆"凝绝不通声暂歇",联想三轮车遇到堵塞不通的路,暂时停歇。

"31山药"记忆"别有幽愁暗恨生",联想多吃山药有助于消除生气出现的暗斑。

"32扇儿"记忆"此时无声胜有声",联想扇扇子没有声音但是很凉快。

"33灯泡"记忆"银瓶乍破水浆迸",联想灯泡破裂,里面的液体迸发出来。

> 记忆的方法：
> 为什么你该这样记

"34 绅士"记忆"铁骑突出刀枪鸣"，联想绅士骑着铁骑突然出现刀枪鸣。

"35 山虎"记忆"曲终收拨当心画"，联想把山虎画出来，然后收起来。

"36 三鹿奶粉"记忆"四弦一声如裂帛"，联想家长看到孩子喝三鹿奶粉，发出的声音如裂开的帛。

"37 山鸡"记忆"东船西舫悄无言"，联想山鸡飞走了，东边的船和西边的船都没有人说话。

"38 妇女"记忆"唯见江心秋月白"，联想妇女看到江面上的月亮图案。

"39 三九感冒灵"记忆"沉吟放拨插弦中"，联想感冒之后说不出话，沉吟只能喝三九感冒灵。

"40 司令"记忆"整顿衣裳起敛容"，联想司令开始整顿衣服，显出庄重的容颜。

"41 石椅"记忆"自言本是京城女"，联想坐在椅子上说自己是京城女人。

"42 柿儿"记忆"家在虾蟆陵下住"，联想种柿儿的家在虾蟆陵下。

"43 石山"记忆"十三学得琵琶成"，联想在石山上学琵琶，13岁学成。

"44 蛇"记忆"名属教坊第一部"，联想蛇爬上了一个牌坊，而且一步就爬上去了。

"45 师傅"记忆"曲罢曾教善才服"，联想师傅擅长教书，才能使人信服。

"46 饲料"记忆"妆成每被秋娘妒"，联想喂饲料的女生化完妆后被很多人嫉妒。

"47 司机"记忆"五陵年少争缠头",联想司机开着五菱宏光。

"48 石板"记忆"一曲红绡不知数",联想站在石板上弹一曲。

"49 天安门"记忆"钿头银篦击节碎",联想天安门庆国庆,音乐打击声很大,乐器都拍碎了。

"50 武林高手"记忆"血色罗裙翻酒污",联想武林高手之间竞争,血色罗裙翻酒污。

"51 安全帽"记忆"今年欢笑复明年",联想工人戴着安全帽平安工作一年,然后欢笑复明年。

"52 鼓儿"记忆"秋月春风等闲度",联想在打鼓声中春去秋来。

"53 乌纱帽"记忆"弟走从军阿姨死",联想为了头上的乌纱帽,弟弟走了,阿姨也去世了。

"54 武士"记忆"暮去朝来颜色故",联想武士晚去早来锻炼自己的能力。

"55 火车"记忆"门前冷落鞍马稀",联想火车站前人很少。

"56 蜗牛"记忆"老大嫁作商人妇",联想老大骑着蜗牛嫁给商人。

"57 武器"记忆"商人重利轻别离",联想商人为了赚钱,贩卖武器军火,不重视与家里人的亲情。

"58 尾巴"记忆"前月浮梁买茶去",联想上个月买茶时遇到一只尾巴很大的松鼠。

"59 五角星"记忆"去来江口守空船",联想江口空船上放着一个五角星。

"60 榴梿"记忆"绕船月明江水寒",联想在月明江寒的船上一起吃榴梿。

"61 儿童"记忆"夜深忽梦少年事",联想夜深做梦回忆自己儿童时期发生的事情。

记忆的方法：
为什么你该这样记

"62 炉儿"记忆"梦啼妆泪红阑干"，联想守着炉儿睡觉，睡着睡着开始落泪，哭花了妆容。

"63 流沙"记忆"我闻琵琶已叹息"，联想随着沙漏里流沙的流淌，琵琶声音开始叹息。

"64 柳丝"记忆"又闻此语重唧唧"，联想在柳丝上的鸟儿重复唧唧。

"65 尿壶"记忆"同是天涯沦落人"，联想病床上两个病人用尿壶，感叹都是天涯沦落人。

"66 蝌蚪"记忆"相逢何必曾相识"，联想小蝌蚪找妈妈遇见很多同类。

"67 油漆"记忆"我从去年辞帝京"，联想我去年从北京辞去卖油漆的工作。

"68 喇叭"记忆"谪居卧病浔阳城"，联想卧病在床听不见声音，只有很大的喇叭声才能听到。

"69 漏斗"记忆"浔阳地僻无音乐"，联想浔阳地方很偏没有音乐，只能玩漏斗。

"70 冰激凌"记忆"终岁不闻丝竹声"，联想过年的时候听不到丝竹声，只能吃冰激凌。

"71 镰刀和锤头"记忆"住近湓江地低湿"，联想用镰刀和锤头割竹子，在地势很低的地方居住。

"72 企鹅"记忆"黄芦苦竹绕宅生"，联想黄芦苦竹绕着房子生长，企鹅住在里面。

"73 花旗参"记忆"其间旦暮闻何物"，联想在有花旗参的院子里早上晚上都听不到声音。

"74 骑士"记忆"杜鹃啼血猿哀鸣"，联想骑士听到杜鹃啼叫和猿猴哀鸣。

"75 起舞"记忆"春江花朝秋月夜",联想在春江花朝秋月夜起舞。

"76 汽油"记忆"往往取酒还独倾",联想用汽油桶装酒,倾斜倒酒。

"77 鹊桥"记忆"岂无山歌与村笛",联想在鹊桥上听到山歌和村笛声。

"78 青蛙"记忆"呕哑嘲哳难为听",联想青蛙的叫声实在是难听。

"79 气球"记忆"今夜闻君琵琶语",联想在气球下面听到琵琶声。

"80 巴黎铁塔"记忆"如听仙乐耳暂明",联想在巴黎铁塔听到仙乐,耳朵也明亮了。

"81 白蚁"记忆"莫辞更坐弹一曲",联想坐下来再弹一曲的时候,很多白蚁爬上腿。

"82 靶儿"记忆"为君翻作《琵琶行》",联想在打靶比赛中重新弹《琵琶行》。

"83 芭蕉扇"记忆"感我此言良久立",联想我站着扇芭蕉扇,站立很久。

"84 巴士"记忆"却坐促弦弦转急",联想坐在巴士上遇到急转弯。

"85 宝物"记忆"凄凄不似向前声",联想宝物掉了,开始凄凄惨惨地哭泣。

"86 八路军"记忆"满座重闻皆掩泣",联想八路听到亲人去世,开始掩面抽泣。

"87 白旗"记忆"座中泣下谁最多",联想敌人举白旗开始哭泣。

"88 爸爸"记忆"江州司马青衫湿",联想爸爸出去干活青衫湿透。

可能有的内容不是根据原文意思转化图像的,但是不影响我们的记忆,若你感觉用这 88 个数字编码没有办法把《琵琶行》记下来,这说明你没有掌握好一开始的数字编码,需要重新去学习下第二章的

记忆的方法：
为什么你该这样记

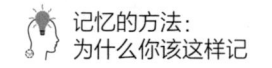

内容。

　　用数字编码作为记忆宫殿记忆中文信息的时候需要注意，不要使用同一个编码记忆过多的信息，这样会产生混乱，给我们的回忆造成困难。一般只有当一个数字编码记忆的内容形成长时记忆之后，我们才能"脱桩"，用这个数字编码去记忆新的知识。

　　这节的练习就是请大家尝试将《琵琶行》背下来。

第八节　万事万物定位法

在记忆中文信息的时候，除了上面提到的地点定位法、数字定位法、题目定位法外还有很多种定位方法，只不过其他定位法的记忆载体不同，接下来再给大家分享一些其他的定位方法。

物体定位法：根据信息的内容选择合适的物体，在这个物体中选择有顺序的部位来进行记忆。

案例 1　肺的特点：肺泡数目多，面积大；肺泡壁薄；肺泡壁与毛细血管壁紧贴着；肺泡壁外有弹性纤维。

我们可以把"肺"谐音成"飞机"，然后画出一个飞机，从飞机上找到 4 个部位，比如飞机头、窗户、机翼、机尾。我们用每个部位记忆一条内容就可以了。用飞机头很大、飞机数量多记第一条；用飞机窗户很薄来记第二条；用机翼来记第三条，可以想机翼上缠着很多的毛细血管；最后一条我们用机尾来记，想象机尾可以自由收缩，像有弹性的纤维一样。

熟语定位法：将我们熟悉的歌词、古诗、名人名言等作为记忆的载体来进行记忆。

案例 2　鸦片走私的危害：白银外流，银价上涨，腐蚀统治机构，毒害身心健康。

用"春夏秋冬"这 4 个字，一个字记忆一条，我们就能把这个问答题给记住。

"春"可以联想人物"李宇春"，李宇春唱歌的时候很多白人往演唱会流动；"夏"可以联想夏天的荷花，把银做成荷花的形状，价格就会上

> 记忆的方法：
> 为什么你该这样记

涨；"秋"可以联想成《天龙八部》中的丁春秋，丁春秋腐蚀统治机构；"冬"联想成冬天太冷了，有碍身心健康。

我们会发现使用熟语定位法的一个关键点就是要清楚自己用了哪个熟词记忆了哪个知识点，一旦你忘记了自己使用的熟词，那这个问题的答案你就很难回忆出来，所以熟语定位法的使用风险比较大。

人体定位法：从人的身体上按照顺序寻找部位来进行记忆的方法。

🔍 **案例3** 用人体的12个部位来记忆12星座。

我们在人体上从上到下寻找额头、眼睛、鼻子、嘴巴、脖子、肩膀、前胸、肚子、大腿、膝盖、小腿和脚这12个部位来记忆白羊座、金牛座、双子座、巨蟹座、狮子座、处女座、天秤座、天蝎座、射手座、摩羯座、水瓶座和双鱼座。

可以想象额头上长出羊角，这样就能记住白羊座；眼睛发红，可以记住金牛座；想象人的两个鼻孔一个鼻孔塞进一个孩子，就能记住双子座；嘴巴吃巨大的螃蟹，这样就能记住巨蟹座；脖子上长出很多和狮子一样的毛发就能记住狮子座；肩膀上坐了一个小女孩，记住处女座；胸中有一个杆秤，记住天秤座；肚子被蝎子蜇了，记住天蝎座；大腿被弓箭射中，记住射手座；膝盖磨了很多茧子出来，记住摩羯座；小腿像水瓶一样，记住水瓶座；两只脚穿上像鱼一样的鞋，记住双鱼座。

字母定位法：跟数字定位法一样，我们把26个英文字母的编码作为记忆宫殿来记忆中文信息。

🔍 **案例4** 用字母A~J来记忆浙江省的十大名胜古迹。

浙江省的十大名胜古迹分别是：西湖、普陀山、天台山、乐清北雁荡山、莫干山、嘉兴南湖、桐庐瑶琳仙境、永嘉楠溪江、天目山和钱塘江观潮。

用字母A（苹果）记忆西湖，可以联想西湖边上长着苹果树；用字

第六章 中文信息速记方法

母 B（笔）来记忆普陀山，可以联想一支笔在布上写了一团密密麻麻的字；字母 C（月亮）记忆天台山，联想坐在天台上赏月；字母 D（笛子）记忆乐清北雁荡山，联想用笛子奏乐，在清华、北大校园里像大雁般游荡；字母 E（鹅）记忆莫干山，联想鹅在吃馒头干；字母 F（斧子）记忆嘉兴南湖，联想用斧子把家里很轻的暖壶砸破了；字母 G（鸽子）记忆桐庐瑶琳仙境，联想鸽子飞到铜炉里炼丹，结果掉到树林里，那里变成了仙境；用 H（梯子）记忆永嘉楠溪江，踩着梯子的李咏洗夹克很难洗；用字母 I（蜡烛）记忆天目山，联想用蜡烛照亮二郎神的天目；用字母 J（钩子）记忆钱塘江观潮，联想用钩子在钱塘江钓鱼的人在看钱塘江的潮水。这样我们就能将浙江省的十大名胜古迹用字母定位法给记住了。

讲到这里大家会发现，世界上任何我们熟悉的事物都能被我们拿来记忆知识点。阿基米德说过："给我一个支点，我就能撬动整个地球。"同样，如果给你一些熟悉的东西，你也能拿来记忆任何陌生的信息。

在利用万事万物作为记忆宫殿记忆信息的时候要注意，拿来作为"记忆桩子"的事物之间必须是有顺序的，而且还要有明显的差异性，这样我们才能借助它们帮助我们记忆。

这节内容就不给大家布置练习了，希望大家能好好理解记忆宫殿法的核心。

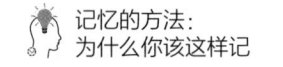

第九节　费曼学习法

费曼学习法包括四个核心步骤。

步骤一：选择一个概念。

确定一个你想学习的概念。

步骤二：讲授这个概念（费曼学习法的灵魂）。

设想你面对这个领域的初学者，甚至面对十岁的孩童，试图解释清楚这个概念，并要让对方完全听懂。这个过程一方面能加深你的理解，另一方面能帮你找到你不明白的节点或卡点。

步骤三：查漏补缺。

当你无法解释的时候，重新回头找答案。回到书上去，回去找同学、找老师、找已经懂的人，把这个概念重新研究一遍。直到你能够把这个概念重新流利地解释出来。

步骤四：简化语言和尝试类比。

继续升华。假若是一个学术化或抽象化的词语，你可以尝试用简洁词语来解释，或用别的东西来类比它。

费曼学习法是用输出的方式来进行学习的学习法，这里再补充一些我自己对于费曼学习法的认知。

费曼学习法是一种加工方法，一种输出性的学习方式，也是一种整体性的学习方式。简单来说就是把我们要学习和记忆的内容转化成我们已知的、熟悉的内容，也就是大家认为的"用自己的话来描述"，就像爱因斯坦的相对论非常难理解，但是爱因斯坦说过，假如你和一位美女坐在一起，就会感觉时间过得很快，但你如果是坐在一个热火炉上，就会觉得时间慢得难耐，这就是相对论。通过这种通俗易懂的形式，我们能够立马理解陌生的知识，这就是费曼学习法。而且我觉得费曼学习法离不开图像，只有图像才能让我们更快地了解和理解一个事物。就像我们学习数学一样，学习数学的一个比较高的境界就是数形结合，比如在学习函数的时候，如果我们能够把函数图像画出来，那么就会更容易理解这个函数的定义域、值域、奇偶性等知识。

我们日常要记忆的材料一般分为强逻辑材料、中逻辑材料和无逻辑材料，对于有逻辑的材料我们就可以使用费曼学习法进行快速记忆，毕竟这个世界上一模一样的东西很难找，但是相似的东西还是比较好找的。我们背诵的现代文、政治问答题等就是有逻辑的材料，我们背诵的单词、文言文、历史问答题这些比较难理解的就属于无逻辑材料。费曼学习法是比记忆宫殿还要高效的记忆方法，适合高中及以上年龄的小伙伴掌握和应用。

如果大家还对费曼学习法一头雾水的话，我再通过几个案例让大家更好地理解这种方法。

案例 1 面对"中国威胁论"，中国该如何应对？答案一共有 5 条。

1. 中国始终不渝走**和平发展**道路。

2. 奉行**独立自主和平外交**政策。

3. 积极**参与国际事务**，努力为中国的改革开放和现代化建设争取有利的国际环境。

4. 坚持在和平共处五项原则的基础上同所有国家**发展友好合作关系，加强同广大发展中国家的团结合作**。

5. 坚决反对各种形式的**霸权主义和强权政治**，永远不称霸，永远不搞扩张。

这是一个政治的问答题，不管是中考、高考还是考研，都会遇到类

记忆的方法：
为什么你该这样记

似的问答题，用费曼学习法可以快速把它们记住。

第一步：读几遍问答题的内容，寻找其中的关键词，材料中的加粗字就是关键部分，要重点记忆。

第二步：根据题目发散出一个与其相关的、我们比较熟悉的场景。比如这个题目中的"中国威胁论"，可以想到国庆阅兵的场景，展示祖国的强大。

第三步：将关键词通过谐音或者自己的理解转化成我们熟悉的图像，并将其与场景中的一些物象链接起来。

第1条"和平发展"，可以用阅兵车来记，联想这个阅兵车在长安街上平和地向前走。

第2条"独立自主"，联想阅兵的武器装备都是中国独立自主研发的。

第3条"参与国际事务""为中国的改革开放和现代化建设争取有利的国际环境"。可以想阅兵结束后，各国人民坐在人民大会堂的宴会厅，这样可以记住"参与国际事务"，大厅里放着改革开放和现代化建设的成果。或者"改革开放"可以谐音成地上放着皮革的地毯，厅内的门是开放的，"现代化建设"可以谐音成鲜花摆放成一个图案。

第4条"和平共处""发展友好合作""加强发展中国家的团结合作"，联想各个国家的友人在大厅里握手交谈合作，还有很多黑人（指代发展中国家）和中国人拥抱。

第5条"反对""霸权主义和强权政治"，联想宴会后中美双方领导人握手。

这样我们就能用这个熟悉的场景把问答题的5条内容记住了。当然除了这个场景以外，我们还可以联想到《哆啦A梦》里的胖虎，他是班里的班霸，用这个动画片的场景也可以。当然如果能联想到我们生活中的场景会更好，比如联想成自己家里，妈妈在家独揽大权，反正跟这个问答题逻辑类似的场景有很多。

第四步：及时进行复习和提取，这样我们就能把短期记忆转化成长期记忆了。

案例2 如何理解"危和机总是同生并存的，克服了危即是机"？

矛盾是反映**事物内部和事物之间对立统一关系的哲学范畴**。**同一性和斗争性**是矛盾的**两种基本属性**，是矛盾双方相互联系的**两个方面**。**同一性**是指矛盾双方**相互依存、相互贯通**的性质和趋势。它有两个方面的含义：一是矛盾着的对立面**相互依存**，**互为存在**的前提，并共处于一个**统一体中**；二是矛盾着的对立面之间**相互贯通**，在一定条件下**相互转化**。

我们就以打篮球为例来进行费曼类比，打篮球的过程中，如果我们躲避了被对方盖帽的危险，我们就有机会投篮了，以此协助记忆题目"危和机总是同生并存的，克服了危即是机"。

接下来记忆具体内容中的关键部分，关键部分即答案中加粗的部分，这个问答题其实主要就是考矛盾的同一性。

我们可以用篮球比赛的过程进行记忆，第一句"矛盾是反映事物内部和事物之间对立统一关系的哲学范畴"，联想篮球比赛有进攻和防守两个方面，比赛之前要吃食物补充能量，比如吃士力架，有的士力架是在一个桶里（事物内部），有的士力架是单独包装的（事物之间），它们都放在一起。

第二句话"同一性和斗争性是矛盾的两种基本属性，是矛盾双方相互联系的两个方面"，比赛前开会确定同一的战术，会后大家一起握拳喊加油（斗争性）。

第三句话"同一性是指矛盾双方相互依存、相互贯通的性质和趋势"，开会的时候大家依靠在一起，互相握手加油打气（相互贯通）。

> 记忆的方法：
> 为什么你该这样记

第四句话是"矛盾着的对立面相互依存，互为存在的前提，并共处于一个统一体中"，开始比赛后攻守双方在同一个赛场上比赛。

第五句话是"矛盾着的对立面之间相互贯通，在一定条件下相互转化"，比赛中双方队员相互穿插跑位，攻守是随时转化的。

这样我们就能记住这个问答题了，当然也要多回忆几次才能形成长时记忆。

如果我们把费曼学习法和记忆宫殿法结合起来，那就能记忆更加复杂的内容了。

案例3 以下是《中华人民共和国合同法》第九十四条关于合同法定解除的规定，有下列情形之一的，当事人可以解除合同：

（一）因**不可抗力**致使不能实现合同目的；

（二）在**履行期限届满**之前，当事人一方明确**表示**或者以自己的行为**表明**不履行主要债务；

（三）当事人一方迟延履行主要**债务**，经催告后在**合理期限**内仍未履行；

（四）当事人一方迟延履行债务或者有**其他违约**行为致使不能实现**合同目的**；

（五）法律规定的**其他情形**。

接下来我们用费曼学习法结合记忆宫殿来记一下这个材料。首先，通过解除合同这个题目来帮助我们联系长时记忆中的一些场景。比如我想到的是1997年香港回归的场景。当时中国和英国解除了不平等条约以后，**香港回归**了祖国。接下来，通过香港我们能想到**紫荆花**。通过紫荆花能想到有一家天然气公司是港华紫荆，这样可以想到**煤气灶**。然后，想到煤气灶上面有**锅**，通过这个锅想到**铲子**，铲子可以联想到**植树**。给大家30秒的时间来记忆这些词语及它们的顺序，接下来我们就通过这些加粗的词语来记忆材料中那些加粗的内容。

用"紫荆花"来记忆第一条中的"不可抗力",联想在约会的时候你打算送给约会对象紫荆花,结果因为下大雨,约会取消了。

第二条可以用"煤气灶"来记忆,这个煤气灶用了五年或者十年(履行期限届满)后,里面的打火石的颜色会发生变化(明确表示),你再用手来打火却一直打不起来(行为表明),在住宅(主债)里安装新煤气灶。

记忆第三条,可以联想用"锅"做饭的时候,我们每个人都是要吃盐(迟延)的,做菜用锅盖捂(债务)起来,往锅里搞一些脆的粉丝(催告),要看好时间(合理期限)不能糊了。

第四条我们通过"铲子"来记忆,用铲子往菜里放一些盐(迟延),结果放多了(其他违约行为),吃盐多了得了高血压,导致家庭不和睦(合同目的)。

通过"植树"来记最后一条,小树上一般会刷些油漆(其他),它的叶子是青色(情形)的。

通过这些比较粗略的加工,我们就能够记住《中华人民共和国合同法》第九十四条关于合同法定解除的一些相关规定了。

最后一步就是复习了。我们在记完新知识以后,要抽空进行复习,一般建议大家一周复习四次。就是在一周中,找出四个时间段来复习你这个周学习的内容,这样做基本上就可以形成长时记忆。

讲了这么多案例,大家会发现使用费曼学习法最关键也是最难的一步就是找到合适的类比模型,只要能找到合适的类比模型,我们就能在这个模型当中结合着中文信息转化方法、故事串联法和记忆宫殿把一些复杂的知识点轻松记住。

想要拥有这种能力,平时就要多练习打比方,在记忆比较难但有逻

记忆的方法：为什么你该这样记

辑关系的知识点时，要想办法将其比喻成我们生活中的场景。当然最重要的还是多练习，接下来请大家通过几个练习来加深对费曼学习法的理解。

练习1 用费曼学习法记忆下面的问答题。

为什么说"幸福是奋斗出来的"，"实现中华民族伟大复兴的中国梦需要一代一代青年矢志奋斗"？

答案：幸福不是从天上掉下来的，梦想不会自动成真。幸福源自奋斗。奋斗本身就是一种幸福，只有奋斗的人生才称得上幸福的人生。一切伟大成就都是接续奋斗的结果。一切伟大事业都需要在继往开来中推进。青年是国家和民族的希望。一代一代青年人不怕苦、不畏难、不惧牺牲，矢志奋斗，就一定能够实现中华民族伟大复兴的中国梦。

练习2 用费曼学习法记忆下面的问答题。

郑和下西洋成功的原因有哪些？

国家统一，社会稳定；经济繁荣，国力强盛；造船和航海技术的进步，积累了丰富的航海经验；郑和本人的勇敢、不怕困难和卓越的组织领导能力。

第十节　思维导图记忆法

本来是不打算写这一节的，但是有很多人问我怎么用思维导图来记忆课文，其实思维导图主要是一个理解和梳理思维的工具，在提升记忆方面它的作用是有限的。

思维导图是由托尼·博赞先生提出并推行的一种提升大脑工作效率的工具，思维导图的作用很多，可以帮助我们做计划、做项目、理解文章、构思作文、提升记忆力等。思维导图可以分为纯图案导图、纯文字导图和图文结合导图三类。想要提升记忆力的话，主要是靠纯图案导图和图文结合导图，可以理解为绘图记忆法的一种。

思维导图的主要优势是能够帮助我们节省时间，提升工作效率，挖掘信息关键部分，提升我们的立体思维能力，提升总体规划能力，而且具有可伸缩性。

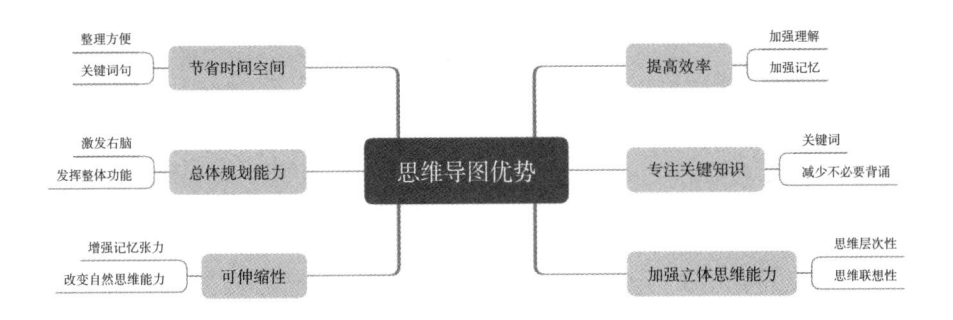

思维导图的基本特点有发散性、联想性、条理性和整体性。

> 记忆的方法：
> 为什么你该这样记

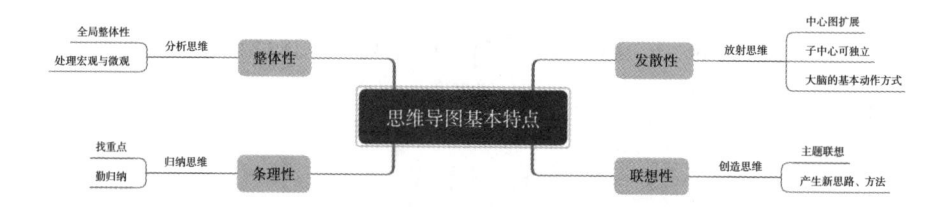

```
全局整体性 ─ 分析思维 ─ 整体性                   发散性 ─ 放射思维 ─ 中心图扩展
处理宏观与微观                                              子中心可独立
                          思维导图基本特点                    大脑的基本动作方式
找重点    ─ 归纳思维 ─ 条理性                   联想性 ─ 创造思维 ─ 主题联想
勤归纳                                                      产生新思路、方法
```

思维导图主要由中心图、主干、分支、关键词和配图组成，其中中心图的大小要占整张纸 1/16~1/9 的面积，同一条主干和分支颜色要相同，而且要由粗到细，关键词要写在主干和分支上面。为了更好地帮助我们记忆，思维导图一定要配上插图，这些插图主要是关键词运用中文信息转化的方法转化成的图像，要画在关键词的旁边，画的时候从右上角一点钟方向按照顺时针的方向开始画。主干线条的颜色最好冷暖色交替，这样更容易区分；要注意布局，整体线条布局要匀称，不能太密集，也不能太稀疏。关于思维导图的绘制方法本书只作简单分享，毕竟本书不是专门讲思维导图的书籍，重点还是放在思维导图提升记忆力方面。

🔍 **案例** 用思维导图记忆中文信息。

秦始皇统一六国后，采取了一系列措施，加强中央集权：

一、政治方面

1. 建立封建专制主义中央集权制度。

2. 中央政府设置丞相、御史大夫、太尉等官职。

3. 把全国划分为 36 郡（后来增加到 40 郡），郡下设县，建立郡县制度。

二、经济方面

1. 统一货币，在全国统一使用圆形方孔铜钱。

2. 统一度量衡。

3. 派人开凿了灵渠，沟通了湘水和漓水，把长江和珠江两大水系连接起来。

三、思想文化方面

1. 焚书坑儒。

2. 把小篆作为全国统一的文字，后来使用更为简单的隶书。

四、军事方面

1. 派将军蒙恬北伐匈奴。

2. 修筑了西起临洮，东到辽东的长城。

3. 修建直道和驰道。

我们按照政治、经济、文化和军事四个方面就能整理出下面的思维导图①：

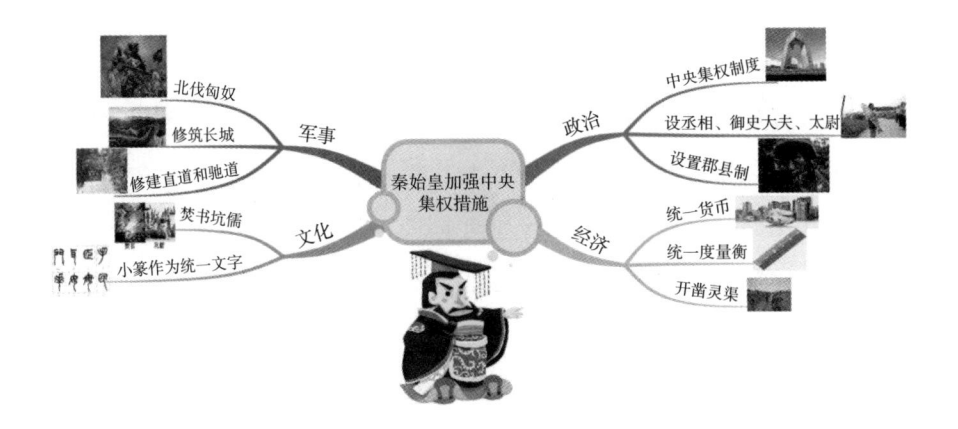

通过上面的思维导图，我们就能够把秦始皇加强中央集权的措施非常清楚地表达出来了。在思维导图旁边加上一些助记图，我们就能轻松把具体的措施给记住。

政治方面，建立中央集权制度，用中央电视台总部大楼来指代；设

---

① 这个思维导图使用 IMindMap10 绘制。

记忆的方法：为什么你该这样记

置丞相、御史大夫、太尉等官职，提取关键字"丞御太"谐音成"称鱼的太太"；郡县制谐音成"军衔"，这样3个图像就能记住政治方面的措施。

经济方面，统一货币用钱币指代，统一度量衡用尺子指代，开凿灵渠用开凿河流图片指代。

文化方面，统一文字和焚书坑儒用对应的图片来记忆。最后军事方面也用相对应的图片来辅助记忆，我们就可以把这个复杂的问答题给记住了。

通过这个案例我们可以发现，用思维导图来记忆具体的知识点时操作起来比较麻烦，但是当我们把知识点组织成图后，再用思维导图来记，效果会很好。所以我建议大家用思维导图做整体性学习，或者是用思维导图整理记忆超长复杂材料（当然用前几节的记忆方法也可以），对于其他零散的知识点，大家可以用记忆法直接记忆。

这一章是这本书的核心部分，用10节的内容分享了十几种中文信息记忆的方法。其实一开始不想分享这么多，害怕大家看完这么多方法之后自己在用的时候还是不知道该如何下手，甚至有的小伙伴"有选择困难症"，直接就不知道该用什么方法了，接下来给大家分享一下方法使用的建议。

对于只有2个信息要记忆的知识点用配对联想法；包含3~5个信息点的内容考虑使用题目定位法或者故事串联法；要记忆的信息超过5个而且内容非常复杂没有办法理解的话，考虑使用数字定位法、地点定位法、思维导图法和其他的一些定位方法；如果要记忆的内容逻辑性比较强，考虑使用费曼学习法；如果要记忆的信息你已经比较熟悉了，考虑使用歌诀法；如果现在你的年龄比较小，可以多去尝试使用绘图记忆法。

总之，中文信息是整个学习生涯中要面临的最难、最复杂的信息，大家一定要多去练习使用这些方法，才能真正掌握。要记住，记忆方法是非常灵活的,千万不能太死板,一定要学会见招拆招。

想要学会用思维导图记忆中文信息也离不开练习,这里给大家准备了一个问答题,请大家尝试下。

☞ **练习** 用思维导图法记忆社会主义核心价值观:**富强、民主、文明、和谐、自由、平等、公正、法治、爱国、敬业、诚信、友善。**

CHAPTER 7

第七章

英文信息速记方法

英文信息的记忆也是每个学习英文的小伙伴必然会遇到的记忆难题，在英语的学习中，我们要记忆的信息有单词、句子、文章和语法等，要记忆的内容非常多。这里主要给大家分享的是单词和文章的记忆方法，在单词的背诵中，我们要记住单词的拼写、单词的意思和单词的读音；在背英语文章的过程中，我们既要记住单词，也要知道语法的运用。接下来会通过八节的内容给大家分享下英文信息的高效记忆方法。

记忆的方法：
为什么你该这样记

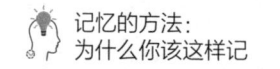

第一节　熟词法

熟词法是指我们在记忆单词的时候先观察下这个单词里有没有我们认识的单词，如果单词中包含我们熟悉的、认识的单词，或者只改变几个字母就能变成我们认识的单词，或者是一些我们熟悉的词根和词缀，我们就可以使用熟词法进行记忆。接下来我们通过几个案例来看一下熟词法该如何使用。

🔍 **案例 1**　单词中包含已知单词的记忆案例。

hesitate ['hezɪteɪt] v.（对某事）犹豫，迟疑不决；顾虑；疑虑

拆分：he（他）+sit（坐）+ate（eat 吃的过去式）

联想：他坐下很犹豫吃不吃，因为他想减肥。

carpet ['kɑ:rpɪt] n. 地毯

拆分：car（小汽车）+pet（宠物）

联想：小汽车里的地毯上有只宠物。

capacity [kə'pæsəti] n. 容量；容积；容纳能力；领悟（或理解、办事）能力；职位；职责

拆分：cap（帽子）+a（一）+city（城市）

联想：帽子的容量很大，能够容纳一整座城市。

forget [fər'get] v. 忘记；遗忘；忘记做（或带、买等）；不再想；不再把……放在心上

拆分：for（为了）+get（得到）

联想：为了得到新知识，我们可能忘记旧知识。

140

🔍 **案例 2** 单词中包含近似熟词的记忆案例。

balance ['bæləns] n. 均衡；平衡；均势；平衡能力

拆分：ba（爸）+lance（近似成 dance 跳舞）

联想：爸爸跳舞然后身体失去了平衡。

foreign ['fɔːrən] adj. 外国的；涉外的；外交的；非典型的；陌生的

拆分：for（为了）+eign（近似成 eight 八）

联想：为了八个外国人，要进行隔离。

loom [luːm] n. 织布机

拆分：loom 近似成 room 房间

联想：房间里放着一台织布机。

appeal [əˈpiːl] v. 有吸引力；有感染力；引起兴趣

拆分：appe（近似成 apple 苹果）+al（近似成 all 所有）

联想：苹果公司的产品对所有人都具有吸引力。

🔍 **案例 3** 寻找词根词缀（词根词缀可以看第四章复习）的案例。

project ['prɑːdʒekt] n. 计划；工程；项目；课题

拆分：pro（前缀，向前）+ject（词根，投掷）

联想：向前投入时间和精力，那就是在做计划。

previse [prɪˈvaɪz] v. 预知，预先警告

拆分：pre（前缀，预先）+vis（词根，看）+e（近似 eye 眼睛）

联想：预先用眼睛看天气预报，能够预知天气信息。

circus ['sɜːkəs] n. 马戏团，马戏场

拆分：circ（词根，环、圆）+us（我们）

联想：环形的马戏团舞台前，我们坐着欣赏节目。

exclude [ɪkˈskluːd] v. 排斥，拒绝接纳，把……排除出去

拆分：ex（前缀，出来）+clud（词根，关闭）+e（近似 eye 眼睛）

记忆的方法：为什么你该这样记

联想：把快递从快递柜拿出来后关闭快递门，用眼睛看着。

在使用熟词法的时候我们会发现，我们记住的单词越多，认识的词根词缀越多，我们发现熟词的可能性就越大，背单词就越简单。所以背单词也符合"马太效应"，你背下来的单词越多，你背单词就越容易，反过来也一样，如果你记忆的单词很少，你背单词就会很慢，所以背单词是一个量变引起质变的过程。

练习 用熟词法拆分记忆下列单词。

intercept [ˌɪntərˈsept] v. 拦截，拦住

---

include [ɪnˈkluːd] v. 包含，包括，包住

---

indict [ɪnˈdaɪt] v. 控告，起诉，告发

---

factory [ˈfæktri, ˈfæktəri] n. 工厂，制造厂

第二节 拼音法

拼音法就是我们在记忆单词的时候，观察单词里面有没有汉语拼音，如果有，就把这个单词拆分成几个拼音的模块，然后再和单词意思联想成一个故事，这样我们就能把单词的意思和拼写给记住。

我们在记单词的时候一定要把汉语拼音利用起来，当然我们在找拼音的时候可能找不到完整的拼音，近似拼音的字母组合也可以当作拼音。

接下来通过几个例子给大家看一下拼音法是如何发挥作用的。

案例 利用拼音法记单词。

dance [dæns] v. 跳舞；舞蹈

拆分：dan（单）+ce（侧）

联想：身体单侧跳舞，另一侧不跳舞。

genius ['dʒi:niəs] n. 天才；创造力

拆分：ge（哥）+niu（牛）+s（死）

联想：哥牛死了，所以是个天才。

cheque [tʃek] n. 支票

拆分：che（车）+que（缺）

联想：买车缺少的钱用支票来支付。

refuse [rɪ'fju:z, 'refju:s] v. 拒绝

拆分：re（热）+fuse（肤色）

联想：热巴被一个黑肤色的人追求，然后拒绝了他。

change [tʃeɪndʒ] v. 改变

记忆的方法：
为什么你该这样记

拆分：change（嫦娥）

联想：嫦娥居住的月球有阴晴圆缺，随时发生改变。

bandage ['bændɪdʒ] n. 绷带

拆分：ban（绊）+dage（大哥）

联想：用绷带绊倒大哥。

lake [leɪk] n. 湖泊

拆分：la（拉）+ke（客）

联想：拉客人到湖泊游玩。

dare [deɪ] v. 敢；胆大

拆分：da（大）+re（热）

联想：大热天不敢出门。

通过这几个案例，相信大家对拼音法记单词已经有了一定的了解，这里需要注意的是同一个拼音对应的声调有4个，大家一定要联想出适合的声调来拆分单词。而且我们在记忆的时候会发现有的单词不能贴合拼音，这种情况下，近似是拼音组合的字母组合也可以作为拼音进行拆分。还有的情况是可以找到汉字拼音首字母，我们也要将这些字母组合当作拼音来进行处理，接下来通过练习来加深对这个方法的理解和使用。

👉 练习 用拼音法拆分联想下列单词。

chance [tʃæns] n. 机会；机遇

___

sentence ['sentəns] n. 句子

___

guidance ['ɡaɪdns] n. 指引；引导

___

144

language['læŋgwɪdʒ] n. 语言

cashier [kæ'ʃɪr] n. 出纳员；财务经理

记忆的方法：
为什么你该这样记

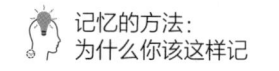

第三节　字母编码法

大家还记得第四章介绍的单个字母编码和多个字母编码吗？我们在拆分记忆单词的过程中，也可以将学习到的一些字母编码作为我们拆分单词的工具，这也能提升我们拆分单词的效率。接下来我们通过几个案例看看字母编码在单词拆分过程中是如何发挥作用的。

熟词法、拼音法和字母编码法，这些方法并不是独立的，很多时候，我们在拆分单词的过程中，将单词中的熟词和拼音找完后会发现还有几个字母没有拆分，这个时候我们就会用字母编码将这些剩余的字母转化成图像。

🔍 **案例** 利用字母编码法记单词。

chess [tʃes] n. 象棋

拆分：che（车）+ss（两条蛇）

联想：车里有两条蛇在下象棋。

chicken ['tʃɪkɪn] n. 鸡肉

拆分：chi（吃）+ c（大嘴巴）+ken（啃）

联想：看到鸡肉用大嘴巴左吃一口，右啃一口。

throw [θrəʊ] v. 扔

拆分：th（土豪）+row（近似 rou 肉）

联想：土豪有钱，扔掉了很多不喜欢吃的肉。

breathe [briːð] v. 呼吸

拆分：br（病人）+eat（吃）+he（他）

联想：病人吃他的便当，结果食物中毒失去了呼吸。

blood [blʌd] n. 血

拆分：bl（玻璃）+o（圆形）+od（主持人欧弟）

联想：圆形的玻璃划伤了主持人欧弟，流出了血。

Friday ['fraɪdeɪ] n. 星期五

拆分：Fr（烦人）+i（我）+day（天）

联想：星期五特别烦人，因为我的老师在这一天总是拖堂不下课。

August ['ɔːgəst] n. 八月

拆分：Au（根据发音联想成狼叫）+gu（鼓）+st（石头）

联想：狼八月吃了很多食物，肚子鼓起来像石头一样。

stomach ['stʌmək] n. 胃

拆分：st（石头）+o（圆形）+ma（妈妈）+ch（近似 chi 吃）

联想：石头圆圆的，妈妈吃进胃里不舒服。

通过这几个案例，大家应该会发现单词拆分联想是非常灵活的，比如字母"s"，有的时候可以根据形状联想为蛇或者美女，有的时候根据拼音首字母想到死、湿等，我们编码的原则是给最后的联想服务，因此要尽可能让联想的故事更加符合逻辑，这样我们在记忆的时候才会更简单。

☞ **练习** 用字母编码拆分记忆下列单词。

inject [ɪn'dʒekt] v. 注入，注射

_____

select [sɪ'lekt] v. 挑选，选出，选择，选拔

_____

expose [ɪk'spoʊz] v. 暴露

_____

pacific [pə'sɪfɪk] adj. 和平的，太平的，平静的

_____

记忆的方法：
为什么你该这样记

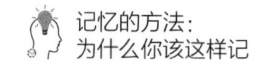

第四节 谐音法

这一节给大家介绍的是谐音法，相信大家在刚开始学习英语的时候都会用到这种方法，但是当时我们用的谐音法只是把单词的读音写成汉字，本节介绍的谐音法是把单词读音谐音出的内容和单词的意思用故事串联起来，这样我们就能同时记住这个单词的意思和发音。

而且谐音法主要分成两种情况：一种是整体谐音，就是把这个单词的发音整体谐音出一个图像；另一种是部分谐音，把这个单词的部分发音谐音成一个图像。需要提醒大家的是，把谐音法放在第五节给大家分享，是为了提醒大家谐音法不是我们记忆单词主要使用的方法，只是作为辅助的一种方法。接下来通过一些案例来看看谐音法是如何发挥作用的。

案例 利用谐音法记单词。

ambulance ['æmbjələns] n. 救护车

拆分：根据发音可以联想为"俺不能死"

联想：有个人在救护车上对医生说俺不能死。

ambition [æm'bɪʃn] n. 追求的目标，夙愿，雄心，志向，抱负

拆分：根据发音可以联想为"俺必胜"

联想：一个人很有雄心，每次比赛都会说"俺必胜"。

bamboo [ˌbæm'buː] n. 竹子

拆分：根据发音可以联想为"颁布"

联想：古代颁布诏书用竹子。

pest [pest] n. 害虫；害兽；害鸟

拆分：根据发音可以联想为"拍死它"

联想：拍死它，因为它是害虫。

economy [ɪ'kɑːnəmi] n. 经济；经济情况；经济结构

拆分：根据发音可以联想为"依靠农民"

联想：经济发展要依靠农民。

crystal ['krɪstl] n. 结晶；晶体；水晶

拆分：cry（哭）+stal（根据发音可以联想为"石头"）

联想：哭出来的泪水变成水晶石头。

elevator ['elɪveɪtər] n. 电梯

拆分：ele（饿了）+vator（根据发音联想为"喂他"）

联想：在电梯上宝宝饿了，喂他。

experiment [ɪk'sperɪmənt] n. 实验；试验；尝试；实践

拆分：ex（出来）+per（每）+i（我）+ment（根据发音联想为"馒头"）

联想：出来做实验，每次我只能吃馒头。

一定要把我们前面分享的熟词法、拼音法和字母编码法都使用完之后，再考虑使用谐音法。

练习 将下列单词使用谐音法拆分记忆。

lunch [lʌntʃ] n. 午餐；午饭

---

difficult ['dɪfɪkəlt] adj. 困难的；费力的；难做的

---

sing [sɪŋ] v. 唱（歌）；演唱

---

pour [pɔːr] v. 倾倒；倒出

记忆的方法：
为什么你该这样记

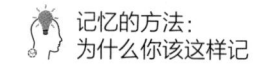

第五节　几种特殊方法

除了上面几节给大家分享的拆分方法外，我们还有一些不常用的拆分方法，这里给大家简单分享一下。

比如，boom（繁荣）这单词中的 boo 可以近似地看成数字 600，剩下的字母 m 可以想到"麦当劳"，然后可以联想成一个故事，在一条繁荣的街上开了 600 家麦当劳。

再如，gloom（忧郁）这个单词中的 gloo 可以看作数字 9100，剩下的字母 m 可以联想成数学当中的单位长度"米"，可以联想，如果你没写完作业，老师罚你跑步 9100 米，你会感觉很忧郁。

再举个例子，balloon（气球）这个单词中的 ba 是"爸"，lloo 可以看作数字 1100，字母 n 联想字母编码可以想成"门"，联想在一起就是，爸爸将 1100 个气球拴在门上。

通过上面这 3 个案例，大家有没有理解这种单词拆分的新方法？当我们要记忆的单词当中有 b、g、l、o 这些像数字（字母 b 像数字 6，字母 g 像数字 9，字母 l 像数字 1，字母 o 像数字 0）的字母同时连续出现的时候，我们就可以把这些字母拆分成数字，这样我们在拆分单词的时候就容易许多。不过这里需要注意的是，这种方法有明显的局限性，那就是只有当这些像数字的字母连续出现的时候才能用这种方法，否则效果不是特别好。

还有一种比较特殊的方法是当你觉得这个单词正着拆分比较困难，可以把这个单词的字母顺序颠倒一下，说不定就是你认识的单词了。

比如，wolf（狼）这个单词，如果我们把这个单词顺序颠倒就是 flow

（流；流动），可以联想狼是群居动物，一群狼同时跑动就像水流动一样。

再说一个，mad（发疯）这个单词把顺序颠倒之后，就变成了dam（大坝），可以联想一个发疯的人跑到大坝上。

最后再分享一个，live（活着）这个单词把顺序颠倒之后，就变成了evil（邪恶的），可以联想活着的人到头来都是非常邪恶的。

这种倒序的方法也有非常强的局限性，只有当我们遇到的是只有3个字母或者4个字母的单词时，我们才可以考虑把字母的顺序颠倒下。

接下来把这几节分享的方法给大家总结一下，我们在记忆单词的时候可以使用拆分联想的方式，首先观察下这个单词里有没有我们认识的单词（近似熟词也可以）、词根词缀，然后再观察这个单词里有没有汉语拼音（近似汉语拼音也可以），然后再找字母编码，最后可以考虑下谐音法和特殊的方法。正如前面提到过的，背单词一定是我们背下来单词越多才能背得越快，大家只有将这几种方法融入实际的单词学习过程中，才能真正掌握这些方法。

记忆的方法：
为什么你该这样记

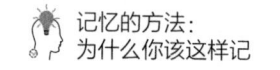

第六节　如何记单词才能记得更牢

相信读完前面这几节单词记忆方法的内容，有的小伙伴肯定心里会有很多的疑问，其中一个问题就是，在用拆分联想法背单词的时候会经常遗忘单词的意思，或者将单词拆分的部分当作单词的意思。不知道大家有没有遇到过这个问题，如果没有遇到，说明大家练习次数还不够多，需要再加把劲了。

那我们如何用拆分联想法记忆才能把这个单词记得更牢呢？或者说我们如何联想才能更突出单词的意思呢？为了突出单词的意思，这里给大家分享 4 种方法。

第一种方法是借助场景来突出单词的意思。比如 wonderful（精彩的、极好的），看到这个单词的意思"精彩的"你能想到什么画面？是不是我们看晚会的时候，都会觉得很精彩！接下来我们就用这个晚会的场景来进行记忆，首先 won 我们可以近似看成 wan，晚会的"晚"，de 可以联想在看晚会的时候吃的零食是德芙巧克力，r 像教室前面的讲台，f 像唱歌支起来的话筒，u 像杯子，唱歌时间长了喝点水，最后 l 像一个唱歌的人站立的侧面。这个就是最傻瓜式的方法了，从单词的意思出发去联想场景，用场景中的事物来帮助我们记忆，不过需要一些记忆法的基础。

第二种方法，可以用物体定位法来突出单词的意思。举个例子，tortoise（乌龟），我们从乌龟上找到乌龟头、乌龟壳和乌龟脚三部分，用头记忆 tor，to 近似看成头的拼音，r 可以想象乌龟头伸出来像字母 r。乌龟壳记忆 to，龟壳上覆盖一层土，记住 t（土的拼音首字母），o 可以想龟壳形状是圆形的。用乌龟脚记忆 ise，i 近似看成脚趾和指甲，se 可以想成色，乌龟脚是绿色的。

第三种方法，可以用有含义的动作来突出单词的意思。举个例子，choke（窒息），字母 c 可以联想成手抓的形状，ho 可以近似看成喉咙的 hou，剩下的字母 ke 联想成咳嗽，然后联想成一个故事，在警匪片中，一个人手抓住喉咙然后开始咳嗽。这样我们就非常牢固地把这个单词给记住了。

第四种方法是通过定位的方式来突出单词的意思。举个例子，比如 afraid（害怕的）的这个单词，看到这个单词我立马想起小时候邻居家的小狗，因为每次碰见它，它就对我叫，而且有一次还咬伤了我，给我留下了童年的阴影，我就用这只小狗来帮我记忆这个单词。afr 我联想为一只烦人的狗，aid 联想为矮的，然后进行记忆：一只烦人的矮狗给我留下童年阴影，我很害怕它。这样通过这只小狗我就能记住这个单词了。

所以我们在用拆分联想的方式背单词的时候，一定要记得从单词的意思出发。利用上面讲的这 4 种方法，我们就能把单词记忆得更牢固。同时，我们只有在英语单词背诵中使用这些方法，才能加深对上面这 4 种技巧的理解。

记忆的方法：
为什么你该这样记

第七节　各种单词记忆方法优劣势探讨

　　市面上关于单词速记的方法有很多，比如音标法、词根词缀记忆法、拆分联想法、艾宾浩斯遗忘曲线记忆法、思维导图记忆法，当然还有死记硬背，接下来我们分别来说说这些方法的优劣势。

　　首先，一些英语学习不错的人，或者学校里的老师会比较推崇音标法。他们经常会说"这个单词只要读几遍就会拼了"，我只能说他们这是"饱汉不知饿汉饥"。这种方法首先对学生的音标掌握程度要求比较高，但是据我所知现在学校里的老师很少会专门教音标，因为他们有课程进度要赶，所以音标基本上都留给学生自己去学习了。

　　而且即使学生学会了音标，那他也只是解决了单词的发音和拼写问题，因此很多音标学得好的同学看到单词的拼写却想不起来单词的意思。我们在记忆单词的过程中，要记忆单词的发音、拼写和意思，忽略其中一项都是不可以的，而且英语考试主要是考查单词的意思和拼写，如果忘记了单词的意思，那英语成绩绝对不会太好。

　　除此之外，我们经常会遇到一些单词，它们的发音是一模一样的，但是意思和拼写却完全不同。比如"bare（adj. 赤裸的；光秃的）和bear（n. 熊；vt. 承受）""cell（n. 细胞，小牢房，电池）和sell（v. /n. 卖，出售）""desert（vt. 抛弃，遗弃）和dessert（n. 甜点心）"这些单词的发音是完全一样的，可是单词的意思和拼写完全不同，像这样的单词案例还有很多，这就是音标法的缺陷。当然也不能掩盖它的作用，它还是背单词最高效的方法之一。

　　接下来再说说艾宾浩斯遗忘曲线背单词的方法，这种方法主要是靠反复的"学习—复习"过程来加深对单词的记忆。但是我们不能忽略的是艾宾浩斯遗忘曲线揭示的是我们大脑对于记忆随机信息（数字、字母）的遗忘规律，但是我们平时要背诵的单词、古诗文、问答题这些内容都是有含义的，而且都是能被我们理解的，如果再按照艾宾浩斯遗忘曲线的规律去复习真的科学吗？当然，严格按照这种复习频率去记忆是绝对没有问题的，但是如果要背诵大量的单词，我们能不能做到减少复习频率，提升记忆效率呢？艾宾浩斯遗忘曲线揭示的遗忘规律是没有问题的，我们在学完新知识后遗忘速度由快变慢，但是严格按照遗忘曲线复习的人绝对是凤毛麟角。

再说下词根词缀和思维导图记忆法，如前所述，并不是每个单词都有词根词缀，我们学习的单词绝大部分是没有词根词缀的，而且词根词缀的方法适合高中及以上的英语学习者，对于刚接触英语学习的人来说，这种方法的难度还是很大的。而思维导图记忆法就是将拥有相同词根词缀的单词整理出来，属于对已经记忆完的单词进行复习和巩固的方法。

接下来说一下拆分联想法，这个方法的致命缺点就是没有办法去解决单词读音的问题。这个方法主要能帮助我们记忆单词的意思和拼写，对于应付英语的笔试考试是没有问题的，但要记住单词的读音，就需要其他方法的辅助了。

最后说一下死记硬背的方法，这种方法目前来看还是使用人数最多的一种方法，很多人觉得背单词枯燥乏味，没有意思，总是背了就忘的一个重要原因就是缺少背单词的好方法，希望原来通过死记硬背法背单词的小伙伴看完这一章之后能收获一些新的方法。

说了这么多方法，我们背单词到底要用哪种方法呢？还是那句话，不管是黑猫还是白猫，能抓到老鼠的就是好猫，这些方法都有自己的优势，也有自己的缺点，我们一定要形成自己背单词的一套方法。建议大

记忆的方法：为什么你该这样记

家在背单词的时候先用音标法和死记硬背法，如果单词比较容易记，这2种方法就能把这个单词拿下，如果还记不住就要考虑使用拆分联想法，这3个方法灵活使用，对于提升我们的单词记忆效率大有裨益。

第八节　英语文章记忆方法

英语学习当中除了要记忆单词以外，同样也需要记忆英语文章，英语文章是由句子构成的，所以给大家分享一下英语句子该如何进行记忆。

我以一个英语句子为例，给大家示范下如何用记忆法记住超长英语句子。

案例 用记忆法记忆英语句子。

It is advisable for us to pay stress attention to the positive side effect of this issue and we need to be reminded that we should invariably devote ourselves to the tendency.

翻译：我们应该重视这个问题的积极面，我们需要提醒自己一定要献身于这种趋势。

英语长难句难记的一个重要原因是英语的语序和我们汉语表达的语序不一样，使用记忆方法只要3步就可以记住长难句。

第一步：把这个英语句子中的单词给记住，关于单词的记忆方法之前分享过很多了，这里就不赘述了。

第二步：记住句子的译文，可以联想一个人跑步减肥，发现跑步不仅能减肥，而且能使精神头也变好，提醒自己要继续坚持，保持这种趋势，联想这个场景我们就能记住译文。

第三步：分成小部分来记忆。It is advisable for us（这对我们来说是明智的），体育场门口有个大爷看到你天天来跑步给你竖大拇指，说你很明智。pay stress attention to the positive side effect of this issue，跑步的时候要注意脚下，这样可以记住 pay attention；positive side 可以想跟在跑得

记忆的方法：为什么你该这样记

快的队伍后面跑会带动你跑得快，有好的影响；stress 记不住可以想跑步时脚下有压力，issue 记不住可以谐音"一棵树"，跑累了扶着树休息下。we need to be reminded 可以联想我们跑步的时候会用 Keep 软件提醒我们跑步，而且我们跑步需要下载 Keep 记录跑步距离。we should invariably devote ourselves to the tendency，跑步的时候我们要向前倾斜自己的身体，这样我们就能记住最后一句话了；如果其中有一些内容记不住也没有关系，可以再谐音修饰一下记不住的部分，比如 invariably（一定地）这个单词记不住，可以根据单词发音谐音记忆，我们坚持跑步因为一点也不累。

当然任何方法都离不开回忆和复习，我们记完这句话以后要及时进行巩固和复习，这样我们就可以把这句话给牢牢记住了。

通过这个案例我们会发现，背诵英语句子实际上被我们转化成了对中文信息的记忆，先把翻译给记住，然后再根据语法把中文翻译成英文。如果有的地方我们翻译不出来，就再用谐音法或者故事联想的方式进行修饰，这样我们就能把英语句子给记住。当然如果我们想要记忆一整篇英语文章，也是按照这个步骤把一句一句的英文先记住，这样我们就能把整篇的英语文章背下来。

在背诵英语文章翻译的时候，我们主要使用的是费曼学习法和记忆宫殿法（如果文章太长，必须用记忆宫殿），如果想把英语文章记好，第六章的内容必须学好。

关于英语单词和英语文章的记忆方法就给大家分享到这里了，因为笔者也不是英语专业出身，所以分享的方法难免有些地方和你的观点不太一样，希望大家能取精去糟，为你所用。

CHAPTER 8

第八章

特殊信息记忆方法

在我们的日常学习当中，除了数字、中文和英文信息的记忆之外，一些图案、符号、公式等信息也是需要去记忆的。这部分内容在我们学习当中占的比重不是很大，但也困扰了很多同学。接下来这一章就分享一下这些内容该如何使用记忆法来记忆。

记忆的方法：
为什么你该这样记

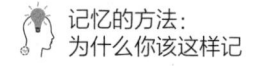

第一节　抽象图形的记忆

抽象图形是世界记忆锦标赛十大比赛项目之一，这里为什么要给大家分享抽象图形的记忆方法呢？因为我们日常学习中遇到的一些国旗、地图等图案的记忆和抽象图形记忆的方法是非常类似的，当大家掌握抽象图形的记忆方法之后，再来记忆我们日常学习当中的这些图案就非常容易了。

那抽象图形的比赛到底是记什么呢？抽象图形的比赛中，参赛选手会得到一系列画着随机图形的A4纸。每张A4问卷纸中有50个黑白图形，共10行，每行5个。这些图形皆按一定的顺序排列，每行独立计算分数。图形的数量为当前世界纪录基础上增加百分之二十。选手如果可以完成超出规定的题量，可以于比赛前一个月向组委会提出增加题量的申请。选手可选择问卷任意一行开始记忆。在该项目的记忆过程中，桌面上不能有任何书写工具（如圆珠笔或铅笔）、量度工具（如直尺）和额外的纸张。

记忆时间结束后，答卷的格式跟问卷格式大致一样，内容跟问卷的一样，只是每行的5个图形次序不一样，行与行之间的顺序是不变的。选手须在答卷上每个图形下用数字1~5写出原来问卷每行中的图形顺序。

抽象图形的样子如下所示。

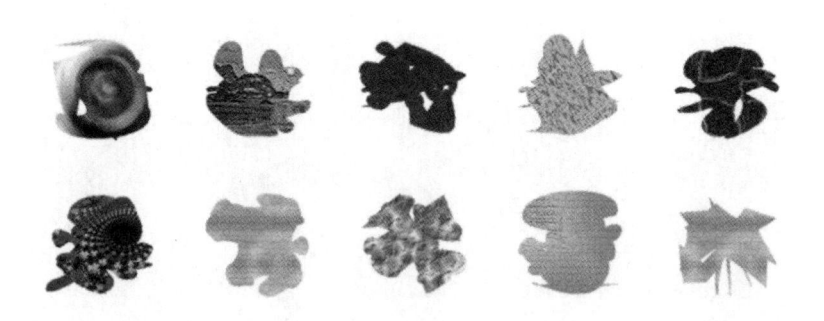

第八章
特殊信息记忆方法

大家看到上面这 2 行黑色或者灰色的阴影图案后，内心的"阴影面积"有多大？虽然一行只有 5 个抽象的图案，但是如果没有方法地死记硬背是很难记住的，这些抽象图形比我们日常学习当中见到的图案要复杂很多，那究竟该如何进行记忆呢？

有两种策略能将抽象图形转化成图像来进行记忆：第一种是观察整体图案来记忆，比如说第一行第一个图形中有水的波纹，可以联想成水波，第一行第二个整体图案像冰块（联想的图像因人而异）；第二种是将局部联想成图像来记忆，比如说第一行第三个图案中间有 3 个小的空白的洞，我们就可以把它联想成煤球，第一行第四个图案左下角有个尖尖的角，我们可以联想成针头。一行有 5 个抽象图形，我们只需要记住 4 个，最后一个用排除法就可以，不过为了防止意外，最后一个也要留意观察下。最后一个抽象图形从整体上看像蛇皮，所以我们可以联想成蛇皮的图像来记忆。在记忆的时候我们一般使用地点记忆宫殿，一个地点记忆 2 个抽象图形，一行 5 个抽象图形需要用 2 个地点来记忆。

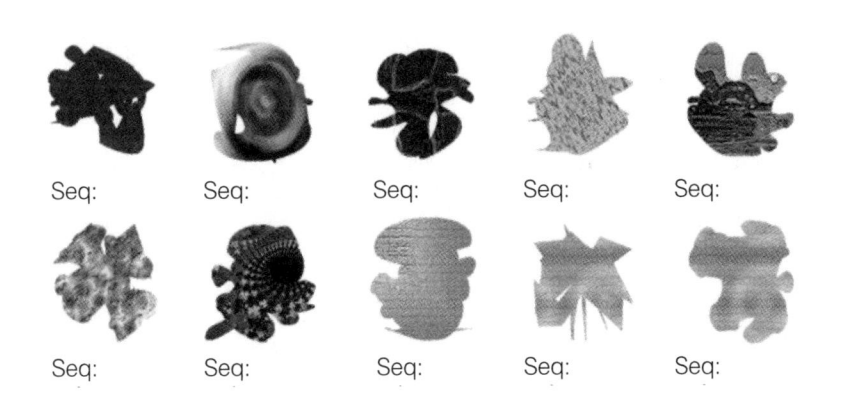

Seq:　　Seq:　　Seq:　　Seq:　　Seq:

Seq:　　Seq:　　Seq:　　Seq:　　Seq:

在记忆结束后，我们把刚才记忆的抽象图形的顺序在答卷上写出来就可以了。在答卷当中我们刚才记忆的这行抽象图像的答案应该是 3、1、5、4、2，把这 5 个数字填在对应图形的下方，就算答题完

161

记忆的方法：
为什么你该这样记

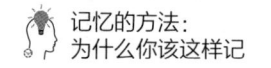

成了。

在这里分享抽象图形记忆方法的目的不是让大家掌握如何来记抽象图形，而是让大家理解如何将抽象的图案转化成图像，前文提到的两种策略大家一定要记清楚。

只要大家掌握了这两种策略，不管是记忆各国的国旗、国家的轮廓图还是各个省的轮廓都会非常轻松，我们只需要再把这些图案对应的中文信息用中文信息转化的五大方法转化成图像，然后利用配对联想法，就能把这些图案给记住了。

图案的记忆在我们学习当中占的比例不是很大，但是还是希望大家能掌握这种能力，进行图案记忆不仅可以提升我们的记忆力，对我们的观察力、想象力和创造力的发展都是非常有益的。

第二节　人名头像的记忆

很多人都会遇到这种情况，周末的时候去逛街，走在马路上，迎面走来一个人，感觉这个人很面熟，可能之前在哪里见过，可是就是想不起他叫什么了。人名头像记忆作为世界记忆锦标赛的十大项目之一，也是有方法进行记忆的。这里给大家分享一个记忆人名和人脸的好方法。

这个方法主要分为三个步骤。

第一步是将这个人的名字通过谐音的方式转化成有趣的图像。不是我们对这个人不尊重，而是这个名字对于我们来说辨识度太低了，如果不转化成图像，我们是很难记住的。比如"马克思"这个人名，我们可以把它谐音成"马渴死了"，可以想到一匹马渴死的画面。

每个中国人的名字都有其背后蕴藏的含义，但我们在不了解的情况下，可以通过谐音的方式转化成图像，这能够帮助我们在很短的时间内建立起和这个名字的联系。

大家可以参考下面的常见姓氏编码表进行编码和转化。

拼音首字母	姓氏	编码	拼音首字母	姓氏	编码
B	白	白头发、白板	C	常	肠子
	毕	匕首		陈	陈皮
	卞	辫子		车	汽车
C	蔡	青菜		成	城池
	曹	野草		程	橙子
	岑	尘土、灰尘		池	池塘

记忆的方法：为什么你该这样记

续表

拼音首字母	姓氏	编码	拼音首字母	姓氏	编码
D	邓	灯泡	J	姬	鸡
	丁	钉子		简	剑
F	范	米饭		江	长江
	方	房子		姜	生姜
	樊	番茄		蒋	奖牌、奖品
	费	飞机		金	黄金、金子
	冯	缝纫机、两匹马	K	康	医生（健康）
	符	斧头		柯	蝌蚪
	傅	师傅、父亲		孔	孔子、恐龙
G	甘	柑子、甘蔗	L	赖	无赖
	高	雪糕		郎	新郎
	葛	鸽子		乐(lè)	乐园
	龚	工人		雷	雷雨
	古	骨头、古龙		黎	荔枝、梨子
	关	棺材、关羽		李	李子
	郭	锅盖、电饭锅		连	莲子、莲藕
H	韩	汗水、汗珠		廉	镰刀
	何	荷花、河流		梁	横梁
	贺	盒子、贺礼		廖	小鸟
	洪	洪水、山洪		林	树林、森林
	侯	猴子		凌	铃铛
	胡	胡子、二胡、老虎		刘	流星
	华	画画、画家、花卉		柳	柳树
	黄	皇帝、黄豆		龙	龙
	霍	火、货物		卢	露珠

续表

拼音首字母	姓氏	编码	拼音首字母	姓氏	编码
L	鲁	鲁迅	Q	丘	丘陵
	陆	陆军		邱	囚犯
	路	道路	R	饶	钥匙
	吕	吕布		任	人民
	罗	锣鼓、箩筐	S	沈	神仙
	骆	骆驼		盛	绳子
M	马	马		施	西施
	梅	梅花		石	石头
	孟	孟子、猛男		时	时迁、时针
	莫	墨水		史	死人、使者
	母	母亲		司徒	徒弟、司机的徒弟
	穆	墓地、穆桂英		宋	松树、松鼠
N	倪	泥土		苏	书本、耶稣
	宁	柠檬		孙	孙子、孙悟空
O	欧	海鸥、欧洲	T	谭	坦克、毛毯
	区（ōu）	藕、地区		汤	汤圆、汤水
P	潘	叛徒、潘金莲		唐	糖果、白糖
	彭	朋友		陶	陶瓷、桃子
	蒲	葡萄、菩萨		田	田野、田园
	皮	皮球、皮肤		童	儿童
Q	齐	棋、旗		涂	涂料、兔子
	戚	油漆、亲戚	W	王	王爷、网
	钱	人民币、硬币		危	危险
	强	墙壁		韦	芦苇
	秦	钢琴、琴		卫	门卫、守卫

> 记忆的方法：
> 为什么你该这样记

续表

拼音首字母	姓氏	编码	拼音首字母	姓氏	编码
W	魏	鬼	Y	殷	音响、音箱
	温	瘟疫		尤	鱿鱼、油
	文	文人、蚊子		于	玉
	翁	老翁		余	鱼
	巫	雾、巫师		俞	愉快
	邬	乌鸦、乌龟、乌云		虞	雨水
	吴	蜈蚣		元	美元、公园
	伍	武当山		袁	猿人、猿猴
	武	舞蹈		岳	月亮、岳飞
X	席	草席		云	云彩、孕妇
	夏	大厦	Z	曾	风筝
	肖	小月亮、弯弯的月亮		詹	站台、展厅、车站
	萧	学校、笑脸		张	张飞、张学友、弓箭
	谢	鞋子		章	印章、蟑螂
	辛	薪水、心脏		赵	照相机、赵云
	邢	变形、刑具		郑	毕业证、风筝
	徐	棉絮、慢慢地		钟	时钟、钟表
	许	许诺、虚假		周	小舟
	薛	雪花、靴子		邹	白米粥
Y	严	盐、岩石		朱	珠子、珍珠
	颜	颜色		褚	猪八戒、猪
	杨	羊		庄	桩子、庄子
	叶	树叶、叶子		卓	桌子、书桌
	易	医生、机翼		—	—

第二步是找出这个人突出的视觉特征。如果是短时间记忆的话，可以从这个人的服装搭配着手，要是想保持长时记忆，那就要从这个人的外貌特征下手。

比如下面这些部位：

一、头型

当你正面面对一个人时，一个人的脑袋可以分为"大、中、小"三类。每一类又可以细分为 a 方形，b 长方形，c 圆形，d 椭圆形，e 尖头顶的三角形，f 尖下巴的三角形，g 宽型，h 窄型，i 骨骼粗大型，j 骨骼纤细形。

如果你是从侧面看一个人的头部，你会发现这个视觉角度看到的头部类型有很多，大致包括：a 方形，b 长方形，c 椭圆形，d 宽型，e 窄型，f 圆形，g 面部扁平型，h 顶部扁平型，i 后部扁平型，j 后部圆勺型，k 前额倾下巴突出的三角形，l 下巴后削前额隆起的三角形。

二、头发

头发的样式很多，但有以下基本特征：a 浓密的，b 稀疏的，c 卷曲的，d 笔直的，e 分头，f 背头，g 平头，h 秃头，i 中分头，j 长发，k 短发，l 特殊颜色的。

三、前额

人的前额一般可分为以下几类：a 高的，b 宽的，c 窄的，d 两鬓之间较窄，e 平坦的（无皱纹），f 有横的皱纹，g 有竖的皱纹。

四、眉毛

a 浓的，b 淡的，c 长的，d 短的，e 两眉相连，f 两眉分开，g 平直的，h 八字型，i 双眉上挑，j 末梢细的。

五、眼睫毛

a 浓的，b 稀的，c 长的，d 短的，e 弯的，f 直的。

六、眼睛

a 大的；b 小的；c 突出的（鼓的）；d 深陷的；e 两眼靠近；f 两眼远离；g 上斜；h 下斜；i 不同颜色；j 两眼大小不同；k 白眼仁多，黑眼仁少；l 白眼仁少，黑眼仁多。

七、鼻子

从正面看，a 大的，b 小的，c 细长的，d 较宽，e 居中。从侧面看：a 直的，b 扁平的，c 带尖的，d 不带尖的，e 狮子鼻，f 鹰钩鼻，g 凹陷的。鼻孔则分为：a 直的，b 弯的，c 向外张开，d 向上翘起，e 孔大的，f 孔小的，g 长毛的。

八、颧骨

正面看人时，颧骨常常是脸型的主要特征，通常有：突出的，平坦的。

九、耳朵

人们在观察他人相貌时，很少注意到耳朵的特点，其实耳朵可能比其他面部部位更有特点。耳朵可以分为以下几类：a 大的，b 小的，c 扭曲的，d 较平的，e 圆的，f 椭圆的，g 三角的，h 紧贴头皮的，i 翘起的，j 大耳垂的，k 无耳垂的。

十、嘴唇

a 上唇长，b 上唇短，c 唇小的，d 唇厚的，e 长的，f 薄的，g 向外翻，h 向里翻，i 弓形的，j 性感的，k 红润的，l 苍白的，m 其他。

十一、下巴

从正面看有：a 长的，b 短的，c 尖的，d 方的，e 圆的，f 双下巴。从侧面看有：翘起的，直的，回折的。

十二、皮肤

a 白净的，b 黝黑的，c 粗糙的，d 滑润的，e 油性的，f 干性的，g 黄的，h 苍白的。

第八章
特殊信息记忆方法

其他还包括手、肢体、牙齿、声音、语调等特征，每个人都不一样，大家在生活中要多观察、比较，做一个细心的人，良好的观察力也是有助于记忆的。

第三步是将前两步找出的部分联系起来，这里给大家举几个例子，我们要尽量把人的姓和名同时记住。

汉素·黑泽 　　　和瓦拉·科尔 　　　爱珠玛迪·卡里

上面的头像是我从 2015 年世界记忆锦标赛人名头像的比赛试题中随机挑选的 3 个，我们看看该如何记住上面 3 个人的姓名。

我们观察第一个头像，发现他的头发比较稀疏，而且头发都是往他的右侧梳的，因此可以把他的姓名"汉素·黑泽"谐音成"喊叔叔把头发染黑有光泽"，这样我们就能把第一个人名头像给记住。

我们观察第二个头像，发现她扎了 2 个辫子，把她的名字谐音成"和我拉呱聊科二考试"，可以联想这个扎辫子的小姑娘去学科二准备考驾照，这样就能记住第二个人名头像。

我们观察第三个头像，发现她有斜刘海，把她的名字谐音成"爱猪妈妈的卡路里"，可以联想这个斜刘海的小姑娘喜欢听猪妈妈唱《卡路里》这首歌。

总之，想要记住人名人脸就要在平时提升自己的观察能力，因为这项能力我们平时随时随地都能练习，这里就不单独给大家出练习题训练了，大家可以在平时的人际交往中锻炼这项能力。

记忆的方法：
为什么你该这样记

第三节　公式符号的记忆

在学习中，除了古诗文、单词、问答题、历史年代等知识需要记忆外，很多理科当中的公式符号也是需要记忆的，但是理科的成绩不能仅靠背诵公式来提升，考试当中主要考查的是大家对于这些公式的理解和运用能力，单纯用记忆法记忆公式对于理科学习的作用非常有限，所以我把公式符号的记忆放在比较靠后的位置给大家讲解。

理科中像数学、物理、化学、生物等学科的成绩想要提升，离不开"题海战术"，只有平时多做题，把这些题型熟悉到举一反三，才能在考试的时候游刃有余。所以从提高分数的角度来说，记忆法对理科成绩提升的帮助是有限的。

而且使用记忆法记忆公式没有固定的方法和套路，对大家的想象力和联想能力要求比较高，我就简单给大家举几个例子，大家简单了解下就可以，不能作为通用方法来学习。

案例1 用记忆法记忆九九乘法口诀。

乘法口诀当中的大部分我们都是能够记住的，但是有个别的公式记不住时，我们可以借助数字编码和故事串联法帮助记忆。比如"三六一十八"和"二九一十八"，如果记不住，我们可以把"三六一十八"谐音成"山路十八弯"，"二九一十八"可以联想成"二舅外出打工赚钱"，这样我们就能把九九乘法口诀当中一些比较难记的口诀给记住。

案例2 二次函数的基本表示形式为 $y=ax^2+bx+c$（ $a \neq 0$ ）。二次函数最高次必须为二次，二次函数的图像是一条对称轴与 y 轴

170

平行或重合于 y 轴的抛物线。我们需要记忆二次函数的顶点坐标为 $\left(-\dfrac{b}{2a}, \dfrac{4ac-b^2}{4a}\right)$。

在记忆这个坐标之前，我们先把这个顶点坐标转化成汉字形式，"对称轴为负 2A 分之 B，极值为 4A 分之 4AC 减 B 方"。然后开始记忆联想，二次函数可以联想成我们在车站喊了 2 次叔叔和他道别，对称轴可以联想为叔叔的衣服（把"负"谐音成衣服的"服"）拉链两侧口袋里有 2 支单位分的笔和纸，笔的外壳上还有 A 的图案。极值可以联想为叔叔快赶不上火车了，开始用最快速度奔跑，他在 4A 检票口检票上车，4A 检票口有两个分支，一条路是走楼梯，一条路是坐电梯，他选择坐电梯，发现笔掉了，于是手（手张开虎口像字母 C）捡起笔放（由"C 减 B 方"谐音得到）进口袋里。好，这样我们就能把二次函数的顶点坐标给记住了。

通过上面的案例，我们可以发现对于复杂公式的记忆，可以先将其转化为中文信息，再使用记忆法来进行记忆。

🔍 **案例 3** 化学方程式的记忆。

金属与盐溶液之间发生置换反应，生成金属单质，比如：

$Fe+CuSO_4=FeSO_4+Cu$

我们同样先将这个化学方程式转化成中文，铁和硫酸铜反应生成硫酸铁和铜，这个方程式对于能理解置换反应的小伙伴来说，记忆起来非常简单，对于没有学过化学或者已经遗忘化学知识的小伙伴，我们用故事串联法也能把这个方程式给记住。

可以联想电视剧《铁齿铜牙纪晓岚》，铁和硫酸铜反应可以联想为张国立老师扮演的纪晓岚被流放（由"硫酸"谐音得到）了，流放到工厂里做铁桶（把"铜"谐音成"桶"），这样我们就能记住这个化学

记忆的方法：
为什么你该这样记

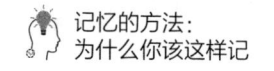

方程式。

通过上面的案例，相信大家对于用记忆法记忆理科的公式有了一定的了解，用记忆法来记忆公式不是不可以，但是对于大家的联想能力要求比较高，所以对于公式的记忆最好是运用理解记忆，对于复杂的或者容易混淆的公式可以适当运用记忆法来进行区分和记忆。

第四节　其他图案的记忆

这一节主要是给大家分享一些其他图案的记忆方法，比如说车标、脸谱等。

首先说一下车标的记忆。目前市场在售的汽车品牌共有130多个，共1000多款车型。知名国产品牌有红旗、长城、吉利、比亚迪、宝骏、传祺、江淮、奇瑞、华晨、长安、荣威等，国外的汽车品牌就更多了，奔驰、别克、奥迪、雷诺、标致、宝马、本田、三菱、路虎、世爵、大众、福特、丰田、现代、讴歌、悍马、双龙、捷豹、光冈、路特斯、铃木、欧宝、起亚、日产、道奇、林肯等。

接下来通过几个案例给大家讲解一下车标该如何进行记忆，用到的方法也是配对联想法，先将车标转化成图像，然后将汽车品牌名称用中文信息转化的方法转化成图像，最后将2个图像结合起来即可。

案例 用配对联想法记忆车标。

迈巴赫：

联想：迈巴赫车标中有2个"M"，"迈巴赫"我们可以谐音成"妹妹拔河"，"妹妹"这个词语的拼音首字母刚好是"M"，这样我们就能把迈巴赫这个车标给记住了。

> 记忆的方法：
> 为什么你该这样记

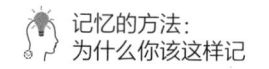

现代：

联想：现代的车标像字母"H"，并且是倾斜的，可以联想到H这一个字母的编码是椅子，"现代"可以谐音成"咸菜放进袋子里"，可以联想一个老太太坐在椅子上吃放进袋子里的咸菜，这样我们就能把现代的车标给记住了。

雷克萨斯：

联想：雷克萨斯这个品牌的名称我们可以谐音成"雷锋叔叔在吹萨克斯"，然后车标是字母"L"，可以联想"雷锋"的拼音首字母也是"L"，这样我们就能把雷克萨斯的车标给记住。

接下来大家可以自己尝试去记忆一些车标，通过训练来加深对这个方法的理解。

练习 记忆以下车标。

法拉利：

174

第八章
特殊信息记忆方法

联想：_____

记忆：_____

奇瑞：

联想：_____

记忆：_____

雪佛兰：

联想：_____

记忆：_____

斯柯达：

联想：_____

记忆：_____

接下来再给大家分享下如何来记忆脸谱。和车标的记忆方法非常类似，记忆脸谱时也是先将脸谱的名称通过中文信息转化的方法转化成图

175

> 记忆的方法：
> 为什么你该这样记

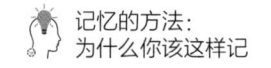

像，然后再根据脸谱的特征将脸谱转化成图像，最后将这 2 个图像结合起来。对脸谱的记忆大家做个了解即可，在这里就举一个例子，比如下面窦尔敦的脸谱，我们看看该如何记忆。

窦尔敦

我们先把窦尔敦谐音成"豆 2 对"，通过观察这个脸谱我们发现，这个脸谱的下巴位置有 2 个向上的圆钩，我们可以把它们联想成豆子，然后由 2 个豆子组成一对，这样我们就能记住脸谱的样貌和名称。

通过这一节的学习，希望大家能掌握图案记忆的方法，这对于提升我们的记忆力、观察力和想象力都非常有益。

第五节　如何记忆一个二维码

如果你在电视上看到一个人在表演记忆二维码，你觉得这个挑战项目难不难？你觉得你自己能不能做到？

这个问题看似复杂，其实是很简单的。想要达到默画一幅二维码的水平，的确有难度，但不是不可以，只需要知道二进制数字怎么记忆，就能把二维码默画出来，如果是识别出一个二维码那就更简单了。接下来我会把这两种情况对应的方法都给大家简单分享一下。

首先，我分成三部分系统讲解下如何记忆一个二维码，并且把它画出来。

第一步是学会十进制数字的记忆，这就需要你掌握一套数字编码，并且结合记忆宫殿来进行记忆，具体该怎么记忆可以参照第五章的内容。

当你能够使用地点定位法在 5 分钟内记忆 120 个数字的时候，你就能很轻松地记忆二维码了，你只需要学会将二进制转化成十进制的方法就可以了。

第二步是了解二进制的记忆方法，二进制数字只有 1 和 0 这两种情况，当你学会记忆二进制数字后，你也就同时掌握了记忆围棋棋盘、亮灭灯泡、红绿灯、红白玫瑰的方法，这些项目我们可能都在电视上看到过，当时觉得人家的记忆力很厉害，其实这些项目归根到底都是在记忆二进制数字。

我们在记忆围棋棋盘的时候把白棋定义成"0"，黑棋定义成"1"；在记忆亮灭灯泡位置的时候把灭的灯泡定义成"0"，亮的灯泡定义成"1"；在记忆红绿灯顺序的时候把红灯定义成"0"，绿灯定义成"1"；

记忆的方法：
为什么你该这样记

在记忆红白玫瑰位置的时候把白玫瑰定义成"0"，把红玫瑰定义成"1"。这样的2个元素的记忆都可以转化成二进制数字的记忆，二维码也一样。

二进制数字的记忆其实就是把二进制转化成十进制来记忆，基本上我们会以3个二进制为一组转化成一个十进制数字，一共有8种情况。

具体转化规则如下：

000 转化成 0；

001 转化成 1；

010 转化成 2；

011 转化成 3；

100 转化成 4；

101 转化成 5；

110 转化成 6；

111 转化成 7。

一共有这8种情况，当你学会了这个转化规则之后，你就学会记忆二进制数字了，比如010001000111这组二进制数字就转化成"2107"这4个十进制数字了，按照第五章讲的数字记忆方法就可以记住了。

记忆二维码和记忆围棋的棋盘是一样的，我们可以将二维码看作由黑白两色的小方格排列组成，把黑色块看成1，白色块看成0，这样就把二维码记忆转变成了二进制数字记忆，然后二进制数字记忆又被我们转化成了十进制数字记忆，所以想要把二维码给记住，就要练习十进制数字记忆能力。

在二维码记忆的表演中，基本上只需要我们识别出二维码就可以，不需要默画，那这就更简单了，我们只需要观察二维码的4个边就可以了。给大家举个例子说明一下，例如下面这个二维码：

我们主要观察二维码的四个边，其中上面的边有 4 个黑色短边（左上角、左下角和右上角的 3 个正方形忽略不看），右边有 7 个黑色短边，下边有 4 个黑色短边，左边有 5 个黑色短边，如果黑色短边超过 10 个那就只记录双位数中的个位数即可。上面的这个二维码我们就可以定义为"4745"，联想成我们的数字编码图像就是司机师傅，这样我们就能记住这个二维码了。虽然不能画出来，但是在 30 个二维码（随便打乱顺序）中找出我们刚才定义的"4745"是很简单的，几乎用不到记忆方法。

所以有的时候我们不需要过分迷信权威，有的时候我们需要倾听自己的内心，而且你要坚信别人能做到的事情你同样也能做到。对于二维码的记忆基本上没有人会需要，在这里分享一些电视表演节目中的项目，就是为了提升大家的自信心。要记住，有些我们看起来很复杂的东西其实很简单。

CHAPTER 9

第九章
训练问题汇总

这一章主要回答了一些大家在训练过程中可能会遇到的问题和网上大家比较关心的问题，不管接下来的问题你有没有遇到，相信只要你用心看完，对你的记忆法学习肯定是有很大帮助的。

记忆的方法：
为什么你该这样记

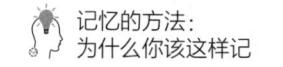

第一节　记忆宫殿可以反复使用吗

一般把记忆宫殿分为现实记忆宫殿和虚拟记忆宫殿，这两种记忆宫殿严格来说都可以反复使用，现实记忆宫殿的效果比虚拟记忆宫殿的效果要好一些。

这里简单说一下什么是虚拟记忆宫殿。比如，我们看电影时看到一些房间装饰得比较不错，我们可以截图保存下来，然后在图片上标注一些位置，这样得到的记忆宫殿就属于虚拟记忆宫殿。

我比赛的时候最多积累了2100个现实记忆宫殿地点桩，我们可以用一套记忆宫殿同时记忆文字信息、数字信息和英文信息，但是如果你想在一天时间内用一套记忆宫殿重复记忆同类信息，就有可能产生混淆。

有的小伙伴可能比较好奇我是怎么记住和管理这2100个地点的。我用的方法主要是数字定位法，我会将30个小地点作为一组来进行管理，记忆地点的时候在每组第一个小地点联想出相对应的数字编码，比如在第一组地点中的第一个位置想象有一棵小树，在第二组地点中的第一个位置想象有一个铃儿。以此类推，我只需要70个数字编码就能记住这2100个地点。

言归正传，如果你想用一套记忆宫殿重复记忆同类信息，要先把之前记忆的信息转化成长时记忆，这样你就可以用一套记忆宫殿反复记忆同类信息了。如果你想用同一套记忆宫殿记忆不同的信息，那就不需要担心了，因为不同类的信息产生的干扰是有限的，如果你上午用了一套地点记数字，下午再用同一套地点来记忆文章，是完全不会有影响的。

什么是长时记忆呢？如果你在回忆信息的时候不需要回忆地点也能把记忆的信息回忆起来，就说明信息已经转化为长时记忆了，一般需要一周左右的时间。

对于虚拟记忆宫殿，想重复使用一套地点难度比较大。一般我们用虚拟记忆宫殿记忆的信息都是唯一的，用一组虚拟记忆宫殿记忆的信息和这组记忆宫殿是有密切联系的（不然记忆材料多了，回忆的时候会比较困难），一般不会重复使用虚拟记忆宫殿。如果你想反复用也可以尝试，但是效果肯定不如现实记忆宫殿好。

记忆的方法：
为什么你该这样记

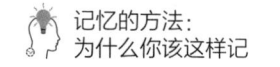

第二节　串联故事的质量如何提升

很多小伙伴在学记忆法的时候，经常会有这样一个疑问：为什么我学习了记忆法感觉还不如以前死记硬背记东西快呢？问题主要出在了信息转化的速度上。比如，在练习记忆数字的时候，如果你连数字编码都想不起来了，那你在记忆数字的时候速度一定很慢；记忆中文信息的时候也是一样，如果你在将一句话转化成图像的时候思考半天都思考不出来，那你在用记忆法记忆文章的时候可能真的不如死记硬背快；记忆单词的时候，你在拆分单词时想不起字母编码是哪个了，那背单词的速度肯定提升不上来。归根到底，我们的转化速度决定了我们的记忆速度。

还有的小伙伴在学记忆法的时候会出现这样的问题，在用记忆法记忆信息的时候，今天记完了明天照样忘，问题出在哪里？这主要是因为联想故事的时候，故事的质量不过关。有的人联想的故事天马行空，甚至"胡说八道"，但是有的记忆法老师美其名曰"奇特联想法"，而且还说奇特的联想记忆效果更好。我的意见正好相反，只有故事的逻辑性够强，够符合逻辑，我们才能牢固地记忆。

原因其实很简单，如果你联想的故事是一个离奇的故事，你还需要耗费额外的认知资源去记忆这个离奇的故事，这样不仅记不牢，还浪费了我们的精力。如果我们联想的故事是非常符合逻辑的，我们可能记忆一遍就能把我们想记忆的材料记住，不需要回忆第二次，达到"不记而记"的效果。"不记而记"就是你不刻意去记，但是在不知不觉中就已经记下来了，这是我们每个人学习记忆法都想要达到的效果。

那究竟什么样的故事才是符合逻辑的故事呢？简单来说，就是联想的故事我们在日常生活中见过，也可以是在影视剧中见过，只要我们见过，我们的脑海里就有印象，在借助这些图像去记忆的时候效果才更好。

最关键的问题来了，如何才能编一个符合逻辑的故事呢？在之前的内容中，其实也给大家分享过，这里再详细地说一下：如果你记忆的材料是那种易理解的、逻辑性比较强的，建议你使用费曼学习法来指代、类比出图像；如果你记忆的材料非常难理解，那你就使用谐音法转化出图像，并且使用我之前讲过的"主谓宾"的结构；如果你记忆的材料非常长且不好理解，这个时候光联想故事肯定很难记住，抓紧使用记忆宫殿吧！不管是地点记忆宫殿、数字记忆宫殿，还是题目记忆宫殿，只要是用记忆宫殿辅助我们来记忆，我们记忆起来肯定容易许多，前提是我们得将记忆宫殿记在脑子里。

还有的小伙伴想挑战高难度，想用记忆宫殿记忆一整本书的内容，该如何操作呢？这就属于超长材料的记忆了，你的记忆量跟你掌握的记忆宫殿的数量成正比，你记住的桩子越多，那你能记忆的材料就越多。

我们学习记忆法追求的是记忆更快、记忆更牢、记忆更多，这三点分别与转化速度、故事逻辑性、记忆宫殿数量相关，对于训练当中大家遇到的问题，大家可以对症下药。

记忆的方法：
为什么你该这样记

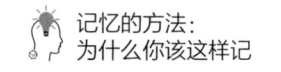

第三节　记忆宫殿都用完了该怎么办

很多刚接触记忆宫殿的小伙伴都会有这样的疑问：如果我找的记忆宫殿都用完了该怎么办？或者说我比较懒，不愿意出去寻找地点，那这个方法我就用不了了吗？如何来解决记忆宫殿数量不足的问题呢？

首先我们可以回顾下本书第六章的内容，除了地点定位法，我们还有题目定位法、数字定位法，甚至还有万事万物定位法，总有一种方法适合你，能帮你记住你想记忆的材料。如果这些方法你感觉都不适合你，我再给大家分享如何打造随机记忆宫殿。

什么是随机记忆宫殿呢？随机记忆宫殿是根据你想要记忆的材料临时联想出来的记忆宫殿。我们会发现我们使用的地点定位法和数字定位法中的地点和数字编码需要我们提前记住才能用，但是这些地点和数字编码跟我们想要记忆的材料好像没有什么关系。这也是很多小伙伴困惑的地方，因为这些记忆宫殿是固定的记忆宫殿，需要大家提前下功夫记忆才能使用。

随机记忆宫殿则恰恰相反，是临时创造出来的记忆宫殿，大家可以把它理解为更高阶的记忆宫殿。在实用记忆当中，如果大家能够掌握临时记忆宫殿搭建的方法，那在记忆专业知识和材料的时候就真的能所向披靡了，当然之前的这些方法大家能学会也非常棒了。那究竟如何搭建临时记忆宫殿呢？我先给大家举个例子，看看能不能给你带来一些启发。

🔍 **案例** 使用随机记忆宫殿记忆以下材料。

所有制经济结构优化的意义：发挥市场的决定性作用，有利于营造公平的市场环境，促进市场竞争，激发公有制经济的活力，优化资源配置；弥补相关领域的资金不足，完善公共服务，优化产业结构，提升经济发展质量；有利于扩大国有资本的支配范围，发挥国有经济的主导作用。

如何用随机记忆宫殿来记忆这个政治问答题呢？可以找关键词，然后用记忆宫殿记忆。将题目"所有制经济结构优化"中的关键字"制经"谐音成"致敬"，可以想到"士兵"，由"士兵"可以联想到"军帽"，由"军帽"可以联想到"肩章"，由"肩章"可以联想到"军服"，由"军服"可以联想到"腰带"，再往下联想可以想到"军裤"，然后是"军靴"（都是按照空间顺序想的），由"军靴"可以联想擦军靴需要"鞋油"，"鞋油"需要搭配"鞋刷子"（按照时间顺序联想），鞋子刷来刷去可以谐音为"蟹子刷来刷去"，这样可以联想出"螃蟹"，再往下还能想出很多。然后利用刚才联想出的物象，一个物象记忆一小句话就可以了，主要使用的是中文信息转化法和配对联想法。

"士兵"记忆"发挥市场的决定性作用"，提取关键字"市决"谐音成"视觉"，联想士兵的视觉都很好，这样就能记住第一句；用"军帽"记忆"营造公平的市场环境"，提取关键字"公市"谐音成"更衣间湿了"，联想军人在更衣间换下湿了的军帽；用"肩章"记忆"促进市场竞争，激发公有制经济的活力"，提取关键字"竞活"谐音成"军火"，联想戴肩章的司令贩卖军火；用"军服"记忆"优化资源配置"，提取关键字"优资"谐音成"有字"，联想军服上有文字；用"腰带"记忆"弥补相关领域的资金不足，完善公共服务"，提取关键字"资金服务"谐音为"自己服务"，联想军人自己给自己穿腰带；用"军裤"记忆"优化产业结构，提升经济发展质量"，提取关键字"构经"，谐音成"够干净"，联想军人的裤子够干净；用"军靴"来记忆"有利于扩大国有资本的支配范围"，提取关键字"国资范围"，谐音成"裹自己脚反正有味"，联

> 记忆的方法：
> 为什么你该这样记

想穿军靴脚臭；最后用"鞋油"记忆"发挥国有经济的主导作用"，提取关键字"国主"，谐音成"裹住"，联想用鞋油把靴子裹住。这样我们就能把这个问答题给记住了，看起来字很多，但当你在脑海里形成画面后，你会发现并不是很难记住。

接下来说一下如何打造自己的随机记忆宫殿。我们在使用地点记忆宫殿的时候，主要是利用了空间顺序。很多说明文都是按照空间顺序来进行说明的，同样的，有顺序的空间位置也可以帮助我们来记忆信息（数字、英文和文字），所以大家可以看到上面的案例中很多物象是通过空间顺序联想出来的。除了空间是有顺序的，时间也是有顺序的，所以我们在联想随机记忆宫殿的时候也可以按照时间顺序来进行，当然我们在使用故事串联法的时候如果能够按照时间顺序来联想故事，我们联想的故事更容易被我们记住。当空间顺序和时间顺序这两条路都行不通时，我们还可以使用万能的谐音法，通过谐音联想出新的物象。按照这3个方法（空间顺序、时间顺序、谐音）我们就能随时随地联想出很多的记忆宫殿，从此再也不用担心没有记忆宫殿用了。

在随机记忆宫殿发散联想中，除了上面3个方法，还有一个"杀手锏"，那就是根据"金木水火土"五行来推衍记忆宫殿的方法。比如，我们用"书本"来推衍记忆宫殿，由"书本"和"金"可以联想出"订书机"，由"书本"和"木"可以联想出"书架"，由"书本"和"水"可以想到"墨水"，由"书本"和"火"可以想到"鞭炮"，由"书本"和"土"可以想到"纸箱子"（颜色和土色接近），这样我们就由"书本"联想出5个记忆桩子。有5个新的桩子后，我们按照这种方法就可以再扩充到25个记忆桩子，这样我们就可以创造出源源不断的记忆宫殿。

把用五行进行扩展的技巧分享给大家："金"可以联想金色或者比较贵重的东西；"木"可以联想绿色、咖啡色或者跟木相关的东西；"水"可以联想蓝色或者跟水相关的东西；"火"可以联想红色或者跟火相关的东西；"土"可以联想褐色或者跟土相关的东西。

打造随机记忆宫殿最主要的方法就是上面分享的这3个，我怕分享的方法太多效果反而不好。大家了解的方法较少，在回忆的时候才可以思考自己是用什么方法联想下一个物象的，无非就是时间、空间和谐音这3个方法。如果大家理解不了这种方法，也可以用"金木水火土"来发散联想。

随机记忆宫殿是我从思维导图学习当中得到的启发。在思维导图学习当中，我们都会做水平思考发散训练和垂直思考发散训练，其中垂直思考发散和随机记忆宫殿的联想是非常类似的。比如，由大树你能想到什么？有的人由大树想到草地，由草地想到长椅，由长椅想到老人等。这个方法是比较适合成年人掌握的记忆法（成年人没有时间从基础开始学习），可以帮助我们记忆考证、考研、工作中比较繁杂的信息。

希望大家在看到这里之后，不要再因为找不到记忆宫殿而苦恼。只要你想找，你就能找到成千上万的记忆宫殿来为你服务。

记忆的方法：
为什么你该这样记

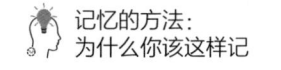

第四节　照相记忆法真的存在吗

照相记忆从字面意思来理解就是过目不忘，也就是我们看完一遍书以后能一字不差地复述出来，这可能是大家梦寐以求的记忆能力，如果我们每个人都拥有这种照相记忆能力，学习对我们来说就很简单了。照相记忆和超忆症是不一样的，超忆症患者是在无意识当中就能记住看到的一切，而照相记忆是在集中注意力的情况下，记住看到的一切信息。

之前有媒体采访过著名主持人撒贝宁，他说他很幸运拥有这种照相记忆能力。撒贝宁说他在上大学的时候基本上不去听课，只是在考试前把课本翻几遍就能记住课本上的内容，每次考试他总是能取得非常不错的成绩。我相信大家在上学的时候也遇到过这样的记忆高手，你感觉他学习并不是很认真，但是每次考试成绩总是名列前茅，背书的时候速度也特别快，当你跟他请教他是怎么记住的时候，他也说不出他是怎么记住的，只是说看了几遍就记住了。是不是非常气人？那他们是不是也拥有照相记忆能力呢？

这些我们见到的记忆比较好的人其实还不是拥有照相记忆能力的人，拥有照相记忆能力的人远远比这厉害，他们只是在不知不觉地使用图像记忆法，有的同学可能在使用费曼学习法，他们把要记忆的内容类比成自己比较熟悉的场景，这样记忆起来就会非常轻松。大家要清楚我们的大脑之所以能记得快，有两个原因，一个是有联系，另一个是有图像，大脑对有联系、有图像的信息记忆速度特别快。

照相记忆这种能力，我自己仅亲眼见过一次（如果不是亲眼所见，我也不相信这种能力）。当时和我一起训练竞技记忆的一个孩子用 0.284 秒的时间记住了一副扑克牌（去掉大小王），我印象很深刻，因为当时是我给他洗的牌，我真的是被震撼到了。

电影《超体》当中也展示了我们人类的大脑到底有多神奇，当大脑开发到 100% 之后，人类自己都无法控制这种状态。感兴趣的小伙伴可以看看这个电影，虽然这只是一部科幻电影。我个人觉得照相记忆这种能力是存在的，不过这种能力只有小朋友能训练出来，而且极其不稳定，受外界影响比较大。有点像飞机，一旦有什么恶劣天气就会被取消。而且这种能力不是一劳永逸的，随着我们年龄的增长，这种能力是在不断衰退的，即使你每天训练它，它也会消失。大家可以理解为守恒，当你的理解力、推理力、语言表达能力提升后，你的这种能力就会下降。

这种"照相记忆"课程最早是日本七田真提出的。在参加记忆比赛之前，我也买过七田真的书籍练习照相记忆，但是根本达不到书上说的效果，于是我就放弃了。据说当时七田真也想培养自己孩子的照相记忆能力，结果也失败了。这几年打着"七田真"名号的早教机构非常多，需要各位家长朋友们仔细甄别。

通过上面的内容想要告诉大家的是，"照相记忆"是 12 岁以下儿童将图像记忆能力发挥到极致后拥有的能力，成年人还是不建议训练照相记忆，想要提升记忆力还是多了解一些快速记忆方法吧。把本书的内容多看几遍，你一定也会受益匪浅。而且大家要相信万事万物都是有矛盾关系的，高能力必然带来高消耗，既然照相记忆的能力这么强，那它对我们肯定也会有负面的一些影响，这是尚未被科学印证的方法，我们就不要尝试了。

总之，照相记忆的能力是可以练出来的，但是想要训练出来很难，可遇而不可求。对于成年人来说，我们只需要记住在记忆信息的时候尽量满足记忆的原则——产生图像和联系，我们记忆起来就会快。

记忆的方法：
为什么你该这样记

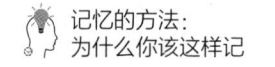

第五节　用记忆法会不会影响我们的理解能力

很多人在学习记忆方法的时候都会有这样的困惑，实用记忆法在记忆信息的时候经常使用谐音法转化成图像，而这些谐音转化的图像跟我们要记忆的信息含义可能有差别，那这样会不会削弱我们的理解能力呢？练习记忆方法会不会走火入魔？或者说练习记忆法有哪些负面影响？

我们学习过程最重要的环节是理解和记忆，有很多人在学习过程中经常把理解和记忆这两个环节当成一个环节，也就是我们经常听到老师和家长朋友们说的，"只要理解了就能记住了"。但现实情况是这样吗？有许多课文、古诗和文言文我们能够理解，但是不能一个字不落地背出来。这说明了一个什么问题？说明在日常学习当中，记忆比理解困难一些，我们可以先用记忆方法把要记忆的材料记住，然后再回过头来理解。我们可以把记忆和理解这两个环节分别处理，先用记忆法记忆，再慢慢进行理解，当然如果我们用理解记忆的话，确实能在理解的过程中记住一部分内容，但并不是所有的材料都是能轻松理解的，这个时候就凸显出图像记忆方法的重要性了。

在使用记忆方法的时候，我们也是先用左脑将要记忆的材料反复多读几遍进行理解，找出其中的关键字词，把不理解的内容给圈出来。对于能够理解的材料，我们可以使用指代法和费曼学习法转化成图像来记忆，而且只有在我们深度理解了材料的情况下，我们才能用这两种方法将材料转化成图像。所以使用记忆法不仅不会降低我们的理解能力，反而提升了我们对材料的理解。

当然也会有这样的小伙伴，在学习记忆法的时候，或者在没看过本书时，以为记忆法就是将信息谐音转化成图像，然后将图像用动作联结起来。这并不正确。这样不仅记起来麻烦，而且确实会影响我们的理解能力。也有一些训练竞技记忆的选手，他们以为实用记忆和竞技记忆是一样的，只需要把要记忆的材料转化成图像和地点结合起来就可以了，不需要理解。这种练竞技记忆"中毒"的人在用实用记忆法记东西的时候，往往就是材料虽然记住了，但是具体是什么意思还真不知道。对于像《道德经》这样比较晦涩的国学不求甚解还可以，但是对于一些简单的材料，在记住之后却不知道意思，就有点说不过去了。

我们人的大脑分为左脑和右脑，记忆模式有机械记忆、理解记忆和图像记忆，最高效的用脑模式或者记忆模式就是充分调用我们的左右脑，在记忆的时候将机械记忆、理解记忆和图像记忆这三种记忆模式有机结合起来。

记忆的方法：
为什么你该这样记

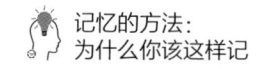

第六节　零基础新手到底该如何学习记忆法

很多人看到最后也不知道这本书到底讲了什么，其实这整本书就是想要告诉大家新手该如何从零开始学习记忆法。为了防止大家出现这种情况，最后一节将把这本书的重点内容再给大家梳理一遍，如果你拿到这本书后先看这一节，那恭喜你，你又比别人节约了不少学习时间。当然具体的技巧方法还是要认真从头看的，而且该做的练习题，一定要按照要求做好，才能真正有所收获。

首先要说一句比较"扎心"的话，如果你的复习时间比较紧张，只剩下几个月、几个星期就要考试了，那么记忆法是很难帮到忙的。因为记忆方法是没有办法速成的，所以马上就要考试的小伙伴就不要考虑学习记忆法了。

如果你想自学记忆法，需要提醒你一下，在搜集资料的时候切忌太广太全，有的人收集了很多的资料仍不知道该从何学起。资料不在多，而在于你自己到底能吸收多少。如果你想自学，就从现在开始，从这本书开始，看一点就吸收一点，多反思多思考，不要人云亦云，要形成自己的理解。如果感觉之前有哪些内容是走马观花看完的，请再回去读一遍，肯定有不一样的收获。

这里推荐马上要考试的小伙伴用"速听"的方法来记忆。这个方法我是从英语听力、口语学习中了解到的，很多英语听力、英语口语水平比较差的小伙伴归根到底就是听不懂，老师当时教我们把英语文章倍速播放去听，这样慢慢如果你能听懂了，你也就会说了，而且这篇文章的内容你也能顺便记下来。所以如果你马上就要考试了，可以把要背诵的内容找个声音你很喜欢的朋友帮你录成录音，然后从 1 倍速、1.25 倍速开始听，直到你能以 3 倍速跟得上、听得懂，你基本上就能把这些内容给记住了。

上面说的这个方法也只是个辅助方法，如果你不刻意花时间来记忆，光听的话效果也是有限的。这个方法的好处是可以很好地利用碎片化的时间来复习，睡觉前、走路中、吃饭时都可以来听这个录音。

接下来言归正传，这里分享的记忆方法训练主要是针对实用类记忆，实用记忆的记忆环节无非是下面这五个步骤。

第一步：整理。整理的意思就是对你要记忆的材料进行理解，然后化繁为简，找到其中的核心和关键内容，这个过程主要是考察你的理解能力和整理能力。

第二步：转化。转化的过程主要是将上一步你找到的关键内容转化成图像或者其他容易理解的生活场景或经验。

第三步：联结。将第二步转化的图像用有逻辑的故事联结起来，将这些零散的图像组合成一个有机的整体。

第四步：定桩。这步不是每次都能用到，如果你记忆的材料比较复杂、比较长，就需要使用记忆宫殿来定桩。

第五步：复习。我们在使用记忆方法记忆完材料之后也是要及时进行复习的，很多人都会按照艾宾浩斯遗忘曲线来复习，这样的效果一般不是太好。原因就是艾宾浩斯遗忘曲线的实验对象是无意义的材料，而你记忆的材料是有含义、有逻辑的，有意义材料的遗忘速度比无意义材料慢，如果也按照艾宾浩斯遗忘曲线来复习的话肯定是不科学的。这里建议大家一周复习 3~5 遍即可，要根据自己的情况和学习的材料选择适合自己的复习策略。具体每一步该如何操作，本书的前几章内容已经详细地给大家拆解过了。

记忆的方法：
为什么你该这样记

我们先讨论下第一个环节该如何进行训练。其实整理的环节就是理解的过程，也就是将复杂的知识点抽丝剥茧，厘清知识间的关系，化繁为简。

如果你是中小学生，那么你的老师平时课堂上所讲的内容就是帮助你去理解知识的。但是很少有老师会教你该如何记忆知识。我们怎么把知识进行简化呢？举个例子，我们可以把历史分成国外史和国内史，分别对应有古代史、近代史和现代史，然后每段历史中都对应着政治、经济、文化和思想方面的知识点，我们可以利用思维导图将这些历史知识组织成宏观的知识框架。

如果你是想要考证、考研，那么相信靠你自己收集的视频和资料也足以让你将学习的内容形成宏观的知识框架，这点是非常重要的。这个过程就是教你如何将书越读越薄，找出考试必考的知识点，将不重要的知识点通过整理给过滤掉。

当我们把这些重要的知识点找出来以后，我们就要从微观上将这些内容给简化。比如，之前分享的地理知识速记的方法中有这样一个知识：自然地理要素（大气、水、岩石、生物、土壤、地形等）通过水循环、生物循环和岩石圈物质循环等过程，进行物质迁移和能量交换，形成了一个相互渗透、相互制约和相互联系的整体。要想记忆这段内容，要先找出关键部分，"大水岩生土地通过水生岩循环形成渗透、制约、联系的过程"，这个过程就是把知识点经过理解化繁为简的过程。然后联想：发洪水，大水淹过土地，水位升高，漫过岩石，渗透到每家每户，可以拿沙子制约，最后不行了，联系救援队。这样就能记住这段内容了。

我们该如何锻炼整理能力呢？其实小学语文阅读题中让你概括这篇文章主要讲了什么内容、这段文字主要讲了什么内容等问题都是在锻炼你的整理能力，所以平时我们可以通过写影评、写读后感来锻炼自己压缩概括的能力。当然我们也可以通过画思维导图来锻炼这种能力。每次整理完之后，应尽量找其他人分享一下，看看你整理的结果别人认不认可，有没有别的意见给你。只有这样，你的整理能力才能不断提升。

接下来分享一下如何提升我们的转化能力。这本书的第二至第四章中主要讲的就是如何转化的问题。我们平时要记忆的内容主要是中文、英文和数字信息，所以我们的转化训练也聚焦于这三类信息。

可能有的小伙伴会有这样的疑问：什么是转化？转化的目的是什么？其实转化就是将我们整理的关键部分转化成图像或者其他我们熟悉的形式，而转化就是为了记得更快、记得更牢。

我们先说下数字该怎么进行转化。在第二章当中给大家分享了双位数字编码、数字字母对应系统、数字汉码系统和谐音数字编码四种将数字转化成图像的方法。

字母类信息该如何转化呢？这是第四章主要分享的内容。我们在记单词的时候，要先观察这个单词里有没有认识的单词、汉语拼音等，我们也会把26个字母转化成一些形象的图像，常见的字母组合我们也会转化成一些形象的图像，比如我们可以将"st"这两个字母联想成身体、尸体、石头、舌头等，并在实际应用中根据我们的需要选择合适的图像和编码，还有一些高频的词根词缀也可以被我们纳入字母编码系统。

第三章重点分享了中文信息转化的方法。这个方法我们每个人都用得到，我们把要记忆的材料整理之后，要记忆的内容已经缩减了很多，我们就要把压缩后的材料进行转化，转化成更容易记忆的形式。

在中文信息转化时，要先判断我们转化的材料能不能理解。如果能理解，就用"代替法"。如何理解这种方法呢？大家可以想想"你比划我猜"的游戏，或者很早之前的无声电影，那个时候的喜剧大师卓别林通过肢体动作就能表达出他想要表达的内容，他用的就是代替法。比如，

记忆的方法：为什么你该这样记

要转化"奉献"这个词语，我就能想到无偿献血车或者雷锋叔叔的照片，这样就能把这个词语转化成图像了。如果我们要转化的内容比较抽象、无法理解，我们就会用"谐音法"。谐音法是个万能的方法，当一些词语你虽然能够理解，但是让你代替的话难度比较高时，也可以用谐音法。比如，"方针"这个词语我们虽然能够理解，但是要代替难度很大，我们直接用谐音就可以了，谐音成"放一根针"，这样就可以转化出来了，当然书中还介绍了其他的一些转化方法。

这里要提醒大家，我们转化出的图像一定要是一个具体的画面，不可以是老人、小孩子、医生这些统称名词。比如，"老人"我们必须具体到自己的爷爷、奶奶才可以。

然后说下如何训练中文信息转化能力。我们先从2个字的词语开始练习，每天计时训练，随便找30个词语看看转化一遍需要多长时间。如果你的时间比较充足，可以买本《新华字典》，把字典中的每个字组词过一遍。没有时间练习的话，那就走到哪看到哪，看到一个地名路标或者广告牌就想想可以转化成什么图像。我们的转化也是有标准的，如果你根据转化的内容能回忆起要记忆的内容，那就说明你的转化是合格的，反之说明不合格。转化训练是我们记忆法学习过程中最重要、最基础的练习，想要把记忆法学好，一定要把转化能力提升上来。

转化训练当中还有很多细节需要注意，在没经过大量训练之前，这些细节问题我就不给大家都罗列出来了，大家先自己进行训练。转化一个词语没问题了，就2个词语、3个词语放在一起转化，当你看一句话就能转化成图像时，说明你的水平已经很厉害了。

很多人学习记忆法之后感觉记忆速度还不如死记硬背，问题就出在转化的环节上，只有我们的转化速度提升了，我们的记忆速度才能得到根本改变。

那么，已经转化出的图像该如何进行联结呢？最简单的方法是通过动作来联结，比如"面包、铅笔、裙子、松鼠、妈妈"这5个图像，我们在相邻两个图像之间加入一个动作就能轻松联结。

可以这样联想：面包插在铅笔上，铅笔画出一条裙子，裙子套在松鼠上，松鼠在追妈妈。这样我们就能把这5个图像给联系起来了，这种串联方法是最基础的，在实用记忆当中我们用得最多的还是逻辑联想。

给大家举个简单的例子，"井田制盛行于西周"，这个历史知识点如何进行记忆呢？将"井田"谐音转化成"景甜"，"西周"谐音转化成"稀粥"，联想"景甜在喝稀粥"就能记住这个知识点了。因为"井田制"和"西周"这2个词语没办法理解，我们就用了谐音法进行转化。

同样，在单词的记忆当中，如果用逻辑联想，我们记忆起来也会更加牢固。比如，"elephant(大象)"这个单词，我们可以拆分成ele"饿了"，ph"破坏"，ant"蚂蚁"，联想成一个故事，"大象饿了破坏了很多蚂蚁洞穴"，这样我们就能记住这个单词了。

有的小伙伴比较仔细，可能会问："破坏"没有图像，这样转化也可以吗？这就需要灵活处理了，因为这个故事比较符合逻辑，所以即使没有图像也不妨碍我们记忆。

接下来介绍一下该如何训练联结的能力。刚开始可以练习寻找共同点的能力，只要能寻找到共同点，在进行联结的时候就会比较符合逻辑。

当我们掌握了2个词语之间的联结，我们就可以尝试训练3个词语、4个词语的联结，当然数字和字母的联结能力也是这么去训练的。单词的记忆主要就是在四五个模块和单词的意思之间寻找共同点，通过这个共同点将这几个部分联系起来。

记忆的方法：
为什么你该这样记

　　随着我们能力的提高，慢慢地我们就能将 2 句话联结成故事，所以后期我们在背古诗、背课文的时候，只需要把内容串联成一个有逻辑的故事就能将文章给记住。

　　最后再说一下如何定桩。这本书当中给大家分享了题目定位法、地点定位法、数字定位法、万事万物定位法和随机记忆宫殿等多种定桩方法，定桩的过程和联结的过程是非常像的，观察转化的图像和要定位的桩子之间的共同点，这样我们在定桩的时候就能符合逻辑了。

　　以上就是这本书的重要内容，按照这本书的方法训练，你就能从零基础新手成为一个记忆高手。这一节的内容大家也可以理解为我整理的这本书的读书笔记，希望大家认真读完这本书之后，写一篇自己的读书笔记。

CHAPTER 10

第十章

训练题答案参考

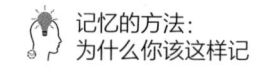

参考答案

参考答案是本书当中每节练习题的参考答案，请大家务必先自己动脑思考后再来看答案，不然此答案对大家没有任何意义。

有的章节当中没有练习题，那就需要大家多看几遍正文，把里面的关键信息牢牢记在脑子里。这些练习题当中很多题目答案不是唯一的，只要大家觉得用自己的方法能把这些题目中的内容给记住即可。

这些练习题主要是为了让大家更好地理解和学习书中的方法，想要完全掌握这些方法一定要勤加练习。

第二章 数字编码系统——数字记忆的基础

第二节 高效的数字字母对应系统

练习 1

数字	对应字母	字母联想
36	sg	水果、笋干、死鬼
09	dq	打球、短期、地区
28	zb	直播、淄博、总部
46	hg	火锅、韩国、黄瓜
78	tb	淘宝、铁板、徒步
101	ydy	一对一、引导员
189	ybq	一笔钱、岳不群
476	htg	猴头菇、恨天高
298	zqb	蒸汽波、足球报
890	bqd	表情帝、棒球队

练习2

数字	对应字母	字母联想
234	zsh	中石化
765	tgw	跳个舞
999	qqq	氢气球
1425	yhzw	一会再玩
6537	gwst	光雾山桃园
3098	sdqb	省点钱吧
9753	qtws	求田问舍
2432	zhsz	战魂神尊
1234	yzsh	一种生活
9807	qbdt	求抱大腿

练习3

数字	对应字母	字母联想
2768	ztgb	在托管班
9809	qbdq	全部到齐
3976	sqtg	社区团购
2999	zqqq	走亲戚去
56789	wgtbq	我逛淘宝去
12345	yzshw	一直上火我
987654	qbtgwh	丘比特干完活
234567	zshwgt	早上好我给他
321098	szydqb	水煮鱼带去吧

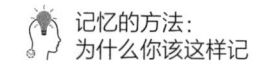

第三节　神秘的数字汉码系统

▶ 练习1

45 苏、21 日、78 卡、90 金、00 听、87 白、54 王、99 九

（答案不唯一，仅供参考）

▶ 练习2

25 乳、66 轮、12 月、09 托、01 题、81 笔、07 桃、28 砸、40 松、29 弱

（答案不唯一，仅供参考）

▶ 练习3

43 三、22 热、79 球、60 零、20 绒、57 外、44 丧、77 敲、64 梁、89 剖

（答案不唯一仅供参考）

▶ 练习4

算 43、里 61、这 22、东 00、伞 43

（仅有唯一答案）

▶ 练习5

王 54、个 92、像 34、枪 74、说 49

（仅有唯一答案）

▶ 练习6

洗 31、天 03、名 50、记 91、忆 11

（仅有唯一答案）

第四节　谐音数字编码

▶ 练习

206：儿领牛

608：牛拧巴

960：救幽灵

1368：一山路爬

1616：一扭一扭

1206：要儿领牛

1894：一帮教师

1937：姨舅撒气

1979：姨舅起酒

1997：一酒起子

2008：儿领泥巴

第三章　速记中文信息的密钥——中文记忆的基础

第一节　中文信息转化的微观技巧

练习 1

抵抗：小偷偷钱包不给他

生存：非洲人吃泥巴饼干

订货：京东配送从网上订的产品

边防：边防战士

原谅：球场上不小心伤到对方，握手言和

教育：听妈妈唠叨

练习 2

科研：袁隆平在水稻田

经费：班级收集班费

动员：拔河比赛大家握拳加油

安置：地震灾区临时搭建的帐篷

互相：握手

清新：口香糖

记忆的方法：
为什么你该这样记

练习3

收入：工资卡

稳定：搭积木

即将：鸡从天上降落

付出：手机扫收款二维码支付

代表：村里选举

编审：扁担伸进篓子里

练习4

虚心：同学向老师请教

抵达：飞机降落

室外：室外篮球场

适当：腰带勒太紧松一松

无息：小狗去世没有呼吸

神奇：神奇宝贝

练习5

同情：给乞丐硬币

资源：挖石油

消极：不好好听课的同学

纪念：纪念币、纪念邮票

附近：腹肌

欢乐：欢乐颂

第二节　中文信息转化的宏观技巧

练习

证明：受伤小伙为了去打球向妈妈展示自己受伤的腿已经痊愈

解决：在小树林里方便

信任：把自己的银行卡交给朋友

勤奋：每天早上早起跑步

鼓舞：郎平鼓励队员

懒散：周末在家赖床不起也不洗脸

折磨：容嬷嬷用针扎紫薇

冷静：医生动手术

第三节　整句话的转化

练习

转化：先找出关键部分，"大水岩生土地"通过"水生岩"循环形成渗透、制约、联系的过程。

联想：发洪水，大水淹过土地，水位升高，漫过岩石，渗透到每家每户，可以拿沙子制约，最后不行了，联系救援队。

第四章　字母编码系统——字母记忆的基础

第二节　多个字母编码系统

练习

ab：阿伯、挨扁、阿宝

st：身体、尸体、舌头、石头

cr：超人

ct：餐厅、磁铁、CT机、冲突

nt：男童、难题

et：儿童、额头

gr：工人

br：白人、病人

th：太后、天后、土豪、天河

ad：广告、AD钙奶、阿迪达斯

第五章　数字信息速记方法
第一节　故事串联法

练习

1206 对应字母为 yzdg，联想为"椅子大哥"，记忆：成吉思汗坐在椅子上成为大哥，建立蒙古政权（可以用其他方法把数字转化成图像）。

1815 可以谐音为"一巴掌鹦鹉"，记忆：拿破仑滑铁卢战败后很生气，一巴掌打到鹦鹉上。

1857 可以谐音成"一把武器"，记忆：印度民族靠一把武器发动大起义。

1935 可以谐音成"要救山虎"，遵义会议谐音成"遵医"，记忆：想要救山虎就要遵照医生的方法。

第六章　中文信息速记方法
第一节　故事串联法

练习 1

记忆：鲁迅在呐喊的时候很彷徨，他看见野草中朝花夕拾，他把这些内容写进《华盖集》。

练习 2

记忆：这里一共有八个内容需要我们记忆，首先我们先对其中的一些关键部分进行理解，看到里面有启发性原则和循序渐进原则，我联想到了过年喝红酒的一个场景：喝红酒的时候先开启，开启时循序渐进打开木塞。接下来我们就用喝红酒过程中发生的动作，以及和动作接触的物体来记忆这 8 条内容。

"启发性原则"可以想到喝红酒需要酒起子，这个用的是谐音法；"循序渐进原则"可以想到开红酒塞子的时候是一步一步慢慢来的；"科学性与思想性统一原则"可以想到喝酒的时候要适度，每个人杯子里倒的红酒一样多;"直观性原则"可以联想有的人喝了一口红酒,脸就红了,很直观地说明这个人不能喝酒;"巩固性原则"可以联想有的人喝酒的时候啃了根骨头,用了谐音法(巩固谐音成了"啃骨");"理论联系实际原则"可以联想喝酒的时候吹牛说自己下棋、打麻将多么厉害,喝完酒就开始下棋比赛谁厉害,结果输得一塌糊涂;"因材施教原则"可以联想下棋的时候教自己的孙子一起下,因为他对象棋也很感兴趣;最后一个"量力性原则",可以联想下棋的时候如果棋艺不如别人也不能生气,量力而为就可以了。

第二节 配对联想法

练习

《清明上河图》是画家张择端的绘画。

记忆:《清明上河图》是一个长得端正的人画的。

《马可·波罗游记》描绘了元朝大都的繁华景象。

记忆:马啃菠萝又大又圆。

我国最早最完整的农书是《齐民要术》。

记忆:7个农民要写书。

逮捕 dǎi dài

记忆:逮捕小偷需要用袋子。

刽子手 guì kuài

记忆:犯人跪下后刽子手行刑。

人情世故 人情事故

记忆:这个世间的人情世故。

第三节 题目定位法

练习1

联想:将"辛"谐音成信箱,第一条可以提取关键字"清封",联想

**记忆的方法：
为什么你该这样记**

清空信箱里的信封；将"亥"谐音成孩子，第二条中能够提关键字"结封帝，民主深入人心"，扩展为"疫情解封地区，大家自由度更高更民主一些"，联想在疫情解封地区，孩子想干什么就可以干什么更民主；将"革"谐音成哥哥，第三条提取关键字"果实窃取"，联想哥哥窃取我采摘的果实；将"命"谐音成明灯，第四条提取关键字"半殖民半封建"，谐音成"纸封起来"，联想明灯是用纸封起来的。

👉 **练习2**

将"闭"谐音成墙壁，来记忆第一条，提取关键字"以农为本，限制工商业"，联想墙壁外面有很大一块田地，墙壁里面只有很小的一块面积做工商业。

将"关"谐音成罐头，来记忆第二条，提取关键字"物丰外交"，联想物资丰富做成罐头，不跟外国人交换。

将"锁"谐音成铁锁，来记忆第三条，提取关键字"抵制侵犯"，联想把电动车用铁锁锁住，为了抵制小偷的侵犯。

将"国"谐音成苹果，来记忆第四条，提取关键字"沿海危及统治"，联想沿海地区种出的苹果品质好，影响内陆苹果的统治地位。

第四节　地点定位法

👉 **练习**

记忆：第1个地点"地毯"记忆"山不在高，有仙则名"，联想地毯上有一座山的图案，山上是明星的头像；第2个地点"椅子"记忆"水不在深，有龙则灵"，可以联想这个椅子上放了一个脸盆，里面水不深，但是有条像龙一样的娃娃鱼游来游去；第3个地点"书柜"记忆"斯是陋室，惟吾德馨"，通过谐音联想书柜有40本书但是漏掉10本，这10本书维护得很新；第4个地点"电脑"记忆"苔痕上阶绿，草色入帘青"，联想电脑抬起来，书桌上的痕迹是绿色的，然后把电脑从窗户扔出去，草地映入眼帘是青色的；第 5 个地点"书架"记忆"谈笑有鸿儒，往来无白丁"，可以谐音联想为周末很多同学来你家谈笑，乱哄哄进入房间看书，来来往往的同学凑齐 500 元给你订了一个生日蛋糕；第 6 个地点"壁画"记忆"可以调素琴，阅金经"，壁画上是有人弹琴有人看经书的图像；第 7 个地点"床"来记忆"无丝竹之乱耳，无案牍之劳形"，联想周末躺在床上没有电话铃声吵你，也不需要去办公室办公；第 8 个地点"台灯"记忆"南阳诸葛庐，西蜀子云亭"，谐音联想懒洋洋地关上诸葛孔明灯，打开窗户仔细数停留在天空中的紫色云彩；第 9 个地点"地板"记忆"孔子云：何陋之有？"，联想地板有的地方漏水。

第五节　歌诀法

练习 1

记忆：串联成歌诀"俄德法美日奥意英"，谐音成图像"饿的话，每日熬一鹰"，这样我们就能记住参与八国联军侵华的八个国家名称。

练习 2

记忆：串联成歌诀"齐楚秦燕赵魏韩"，谐音成图像"齐秦喊赵伟演出"，这样我们就能记住战国七雄的名称。

第九节　费曼学习法

练习 1

我想到吃美食的时候很幸福，将做饭时候用的物体作为桩子，就能轻松记住了。做菜的时候，先从冰箱拿出菜，用水龙头清洗，然后拿出菜板、菜刀切菜，然后打开燃气灶，放上锅，倒上花生油，这样一连串动作，可以联想出：冰箱——水龙头——菜板——菜刀——燃气灶——锅——花生油桶。利用这 7 个桩子就能记住这 7 句话。

冰箱："幸福不是从天上掉下来的，梦想不会自动成真。"冰箱上过年贴的福字从天上掉下来，我们需要自己贴上，它不会自己贴上。

记忆的方法：
为什么你该这样记

水龙头："幸福源自奋斗。"用水龙头把菜上的粉都冲走，这里用了谐音。

菜板："奋斗本身就是一种幸福，只有奋斗的人生才称得上幸福的人生。"在菜板上奋力切菜，马上就能吃到饭了很幸福，切完菜后用菜板切人参（"人生"谐音）果吃，感觉很幸福。

菜刀："一切伟大成就都是接续奋斗的结果。"用菜刀雕刻萝卜，伟大成就是奋斗结果。

燃气灶："一切伟大事业都需要在继往开来中推进。"燃气灶点火，火越来越大，在继往开来中推进。

锅："青年是国家和民族的希望。"青年晚上下班用锅炒菜，看到新闻上说青年人是国家和民族的希望。

花生油桶："一代一代青年人不怕苦、不畏难、不惧牺牲，矢志奋斗，就一定能够实现中华民族伟大复兴的中国梦。"花生油溅到自己手上，很苦很难，只有不怕牺牲，继续做才能把菜做好。

练习2

郑和下西洋成功，可以类比联想成我们通过学习记忆法提升记忆力成果的过程。联想：我们去书店买提升记忆力的书籍，书店装修都是统一的，而且每个书店书的品类差不多很稳定；然后你买了一大堆提升记忆力的书，说明你的经济状况不错；从书中你吸收了作者关于提升记忆力方面的经验；当然你自己也不怕困难，将书中的方法运用到实际学习中。

第十节　思维导图记忆法

练习

提示：可以将社会主义核心价值观的12个词语分成三方面，分别是国家层面、社会层面和个人层面。国家层面：富强、民主、文明、和谐；社会层面：自由、平等、公正、法治；个人层面：爱国、敬业、诚信、

212

友善。可以把思维导图分为3个主干，每条主干有4个分支，再配上一些助记图，我们就能用思维导图记住社会主义核心价值观。

第七章　英文信息速记方法

第一节　熟词法

练习

intercept [ˌɪntər'sept] v. 拦截，拦住

拆分：inter（埋葬）+cept（词根，拿）

联想：自己家宠物去世了要将它埋葬，孩子不愿意，想把它拿出来，及时把孩子拦截、拦住。

include [ɪn'kluːd] v. 包含，包括，包住

拆分：in（在……里面）+clude（词根，关闭）

联想：快递柜里面包含很多人的快递，拿完快递要记得关门。

indict [ɪn'daɪt] v. 控告，起诉，告发

拆分：in（在……里面）+dict（词根，说）

联想：法庭里律师说话控告对方。

factory ['fæktri，'fæktəri] n. 工厂，制造厂

拆分：fact（词根，做）+ory（近似 story 故事）

联想：这个工厂做的产品都有内涵和故事。

第二节　拼音法

练习

chance [tʃæns] n. 机会；机遇

拆分：chan（蝉）+ce（侧）

联想：蝉从地面一侧冒出来，寻找蜕皮的机会。

sentence ['sentəns] n. 句子

拆分：sen（森林）+ten（熟词，十）+ce（厕所）

> 记忆的方法：
> 为什么你该这样记

联想：森林里有十句明显的句子标语写在厕所外面。

guidance ['gaɪdns] n. 指引；引导

拆分：gui（龟）+dance（熟词，跳舞）

联想：乌龟跳舞需要指引和引导。

language ['læŋgwɪdʒ] n. 语言

拆分：language（烂瓜哥）

联想：卖即将要烂的西瓜的大哥用各种语言吸引顾客。

cashier [kæ'ʃɪr] n. 出纳员；财务经理

拆分：cashier（擦拭耳）

联想：财务经理在发工资的时候不停擦拭自己的耳朵。

第三节　字母编码法

练习

inject [ɪn'dʒekt] v. 注入，注射

拆分：in（在……里面）+ject（词根，投掷）

联想：往身体里投掷就是在注射。

select [sɪ'lekt] v. 挑选，选出，选择，选拔

拆分：se（色）+lect（词根，选）

联想：颜色不对的水果被挑选出来。

expose [ɪk'spoʊz] v. 暴露

拆分：ex（前缀，出）+pose（词根，放）

联想：出门后被别人发现了，自己暴露了。

pacific [pə'sɪfɪk] adj. 和平的，太平的，平静的

拆分：paci（词根，和平）+fi（飞）+c（手抓形状）

联想：为了和平放飞手中抓着的和平鸽。

214

第四节　谐音法

🕮 练习

lunch [lʌntʃ] n. 午餐；午饭

谐音：狼吃

联想：狼在吃自己的午餐。

difficult ['dɪfɪkəlt] adj. 困难的；费力的；难做的

谐音：低飞口特

联想：飞机低飞从出口出去特别困难。

sing [sɪŋ] v. 唱（歌）；演唱

谐音：四营

联想：四营的军人在唱歌。

pour [pɔːr] v. 倾倒；倒出

谐音：坡

联想：从山坡上倾倒很多垃圾。

第八章　特殊信息记忆方法
第四节　其他图案的记忆

🕮 练习

法拉利

联想：法拉利的车标中有一匹站起来的马，法拉利谐音成"罚拉梨"。

记忆：作为惩罚，罚你用马拉梨，马儿受到惊吓站起来。

奇瑞

联想：奇瑞汽车的车标像字母 A，奇瑞谐音成"汽水"。

记忆：和同学一起 AA 制喝汽水。

记忆的方法：
为什么你该这样记

雪佛兰

联想：雪佛兰的车标像十字架，雪佛兰谐音成"血扶烂"。

记忆：满身是血的僵尸扶着腐烂的十字架从坟墓里爬出来。

斯柯达

联想：斯柯达的车标像一只鸟，斯柯达谐音成"撕开打"。

记忆：很多鸟儿撕开打架。

后 记

不知道这本书能不能解决一些你在记忆方面的困惑。其实这本书我只用了不到一个月就完成了，因为在很早之前，我就已经在着手布局书中的不少内容。这本书虽然完成得很快，但是书中却凝结了从 2015 年我开始了解记忆法之后所掌握的方法和经验，当然全部都是实用记忆的技巧。我希望认真看完这本书的小伙伴至少能了解记忆是真的有方法的，而且正确使用这些方法真的可以提升我们的记忆能力。

学习实用记忆方法其实和练习钢琴、跆拳道一样也是有等级考核的。第一阶段可以称作"自省阶段"，开始反省自己的记忆方法是不是存在欠缺，并开始学习和了解记忆方法，此时此刻正在读这本书的你目前就处于这一阶段；第二阶段可以称作"自觉阶段"，在这个阶段中，你需要将这本书里讲到的方法运用到你日常的学习、工作中，通过大量的实践提升自己的记忆水平；第三个阶段可以称作"自主阶段"，通过第二阶段的训练，你对记忆方法有了更深刻的理解，并慢慢将记忆技术转变成记忆艺术，开始创造性地解决记忆难题；第四个阶段可以称作"自由阶段"，在将记忆法转变成一门艺术的过程中，你慢慢形成自己的一套记忆体系，能够游刃有余地解决各类问题。我希望看完这本书的小伙伴能够至少达到第二阶段，将这本书分享的方法应用到日常生活中。

我们的学习可以划分为舒适区、学习区和黑暗区。如果你读这本书的时候感觉很轻松，没有遇到什么困难，说明这本书对你没有太多价值；

记忆的方法：为什么你该这样记

如果你感觉书中有的地方理解不了或者感觉比较难，说明你在挑战自己的学习区和黑暗区。在学习中只有慢慢地扩大我们的舒适区，我们学起来才会越来越轻松。

通过阅读这本书，你会发现记忆方法其实是一门加工的技术。这个加工也不是漫无目的的加工，要将记忆的材料通过加工变成辨识度比较高的材料，而且通过加工完的图像我们还能回忆起我们所记忆的材料，再辅以记忆宫殿，我们就能记忆一些超长的材料。这就是记忆法的核心，没有大家想象得那么复杂。

目前市面上关于提升记忆力的书籍有很多，我自己也经常会买一些记忆方法的书籍来看。这些书的作者大部分也是记忆大师，但是我发现这些书中的大部分信息过于相似，而且书中没有系统的训练方法。看完这些书我可能了解了一些方法，但是这些方法具体该怎么用，却没有特别详细地介绍。个别的书籍甚至成了记忆大师的个人秀场，作者分享了很多自己个人的训练经历，基本上成了作者的传记。我创作这本书的初衷就是要和其他书本有所差别，分享一些大家最关注的、能够改变自己学习方法和学习能力的高效记忆方法。

这本书的完成离不开身边亲戚、朋友的支持，如果没有他们的支持和帮助，这本书也没有办法这么快完稿。当然这本书恐怕很难满足每个人的记忆需求，书中或多或少会存在一些问题。尽信书则不如无书，尽信师则不如无师，在阅读这本书的时候大家一定要善于思考，把书中的方法消化吸收为自己的方法。

学习伴随人的一生，这本书分享的方法是我目前掌握的方法，我也会继续去学习和提升自己，期待未来给大家带来更加高效的记忆方法。

王刚

2024 年 10 月